绿色丝绸之路资源环境承载力国别评价与适应策略

哈萨克斯坦
资源环境承载力评价与适应策略

闫慧敏　封志明　游　珍　等　著

科 学 出 版 社
北　京

内 容 简 介

本书以资源环境承载力评价为核心，建立了一整套由分类到综合的资源环境承载力评价技术方法体系，由公里格网到分州、国家，定量揭示了哈萨克斯坦的资源环境承载能力及其地域特征，为促进哈萨克斯坦人口与资源环境协调发展提供科学依据和决策支持，为绿色丝绸之路建设做出贡献。

本书可供从事人口、资源、环境与发展研究和世界地理研究等的科研人员、管理人员和研究生等查阅参考。

审图号：GS 京（2023）1104 号

图书在版编目（CIP）数据

哈萨克斯坦资源环境承载力评价与适应策略/闫慧敏等著. —北京：科学出版社，2024.6
ISBN 978-7-03-075301-4

Ⅰ.①哈⋯ Ⅱ.①闫⋯ Ⅲ.①自然资源-环境承载力-研究-哈萨克 Ⅳ.①X373.61

中国国家版本馆 CIP 数据核字（2023）第 050907 号

责任编辑：谢婉蓉 杨帅英/责任校对：郝甜甜
责任印制：徐晓晨/封面设计：蓝正设计

科学出版社出版
北京东黄城根北街 16 号
邮政编码：100717
http://www.sciencep.com
北京建宏印刷有限公司印刷
科学出版社发行 各地新华书店经销
*
2024 年 6 月第 一 版 开本：787×1092 1/16
2025 年 2 月第二次印刷 印张：13 1/2
字数：316 000
定价：168.00 元
（如有印装质量问题，我社负责调换）

"绿色丝绸之路资源环境承载力国别评价与适应策略"

编辑委员会

总 序 一

"一带一路"是中国国家主席习近平提出的新型国际合作倡议，为全球治理体系的完善和发展提供了新思维与新选择，成为共建国家携手打造人类命运共同体的重要实践平台。气候和环境贯穿人类与人类文明的整个发展历程，是"一带一路"倡议重点关注的主题之一。由于共建地区具有复杂多样的地理、地质、气候条件、差异巨大的社会经济发展格局、丰富的生物多样性，以及独特但较为脆弱的生态系统，"一带一路"建设必须贯彻新发展理念，走生态文明之路。

当今气候变暖影响下的环境变化是人类普遍关注和共同应对的全球性挑战之一。以青藏高原为核心的"第三极"和以"第三极"及向西扩展的整个欧亚高地为核心的"泛第三极"正在由于气候变暖而发生重大环境变化，成为更具挑战性的气候环境问题。首先，这个地区的气候变化幅度远大于周边其他地区；其次，这个地区的环境脆弱，生态系统处于脆弱的平衡状态，气候变化引起的任何微小环境变化都可能引起区域性生态系统的崩溃；最后，也是最重要的，这个地区是连接亚欧大陆东西方文明的交汇之路，是2000多年来人类命运共同体的连接纽带，与"一带一路"建设范围高度重合。因此，"第三极"和"泛第三极"气候环境变化同"一带一路"建设密切相关，深入研究"泛第三极"地区气候环境变化，解决重点地区、重点国家和重点工程相关的气候环境问题，将为打造绿色、健康、智力、和平的"一带一路"提供坚实的科技支持。

中国政府高度重视"一带一路"建设中的气候与环境问题，提出要将生态环境保护理念融入绿色丝绸之路的建设中。2015年3月，中国政府发布的《推动共建丝绸之路经济带和21世纪海上丝绸之路的愿景与行动》明确提出，"在投资贸易中突出生态文明理念，加强生态环境、生物多样性和应对气候变化合作，共建绿色丝绸之路"。2016年8月，在推进"一带一路"建设的工作座谈会上，习近平总书记强调，"要建设绿色丝绸之路"。2017年5月，《"一带一路"国际合作高峰论坛圆桌峰会联合公报》提出，"加强环境、生物多样性、自然资源保护、应对气候变化、抗灾、减灾、提高灾害风险管理能力、促进可再生能源和能效等领域合作"，实现经济、社会、环境三大领域的综合、平衡、可持续发展。2017年8月，习近平总书记在致第二次青藏高原综合科学考察研究队的贺信中，特别强调了聚焦水、生态、人类活动研究和全球生态环境保护的重要性与紧迫性。2009年以来，中国科学院组织开展了"第三极环境"（ThirdPoleEnvironment，TPE）国际计划，联合相关国际组织和国际计划，揭示"第三极"地区气候环境变化及其影响，提出适应气候环境变化的政策和发展战略建议，为各级政府制定长期发展规划提供科技支撑。中国科学院深入开展了"一带一路"建设及相关规划的科技支撑研究，同时在丝绸之路共建国家建设了15个海外研究中心和海外科教中心，成为与丝绸之路共建国家开展深度科技合作的重要平台。2018 年 11 月，中国科学院牵头成立了"一带一路"国际科学组织联盟（ANSO），首批成员包括近 40 个国家的国立科学机构和大学。2018 年 9 月中国科学院正式启动了 A 类战略性先导科技专项"泛第三极环境变化与绿色丝绸之路建设"

（简称"丝路环境"专项）。"丝路环境"专项将聚焦水、生态和人类活动，揭示"泛第三极"地区气候环境变化规律和变化影响，阐明绿色丝绸之路建设的气候环境背景和挑战，提出绿色丝绸之路建设的科学支撑方案，为推动"第三极"地区和"泛第三极"地区可持续发展、推进国家和区域生态文明建设、促进全球生态环境保护做出贡献，为"一带一路"共建国家生态文明建设提供有力支撑。

"绿色丝绸之路资源环境承载力国别评价与适应策略"系列是"丝路环境"专项重要成果的表现形式之一，将系统地展示"第三极"和"泛第三极"气候环境变化与绿色丝绸之路建设的研究成果，为绿色丝绸之路建设提供科技支撑。

白春礼

中国科学院原院长、原党组书记

2019 年 3 月

总　序　二

　　"绿色丝绸之路资源环境承载力国别评价与适应策略"是中国科学院 A 类战略性先导科技专项"泛第三极环境变化与绿色丝绸之路建设"之项目"绿色丝绸之路建设的科学评估与决策支持方案"的第二研究课题（课题编号 XDA20010200）。该课题旨在面向绿色丝绸之路建设的国家需求，科学认识共建"一带一路"国家资源环境承载力承载阈值与超载风险，定量揭示共建绿色丝绸之路国家水资源承载力、土地资源承载力和生态承载力及其国别差异，研究提出重要地区和重点国家的资源环境承载力适应策略与技术路径，为国家更好地落实"一带一路"倡议提供科学依据和决策支持。

　　"绿色丝绸之路资源环境承载力国别评价与适应策略"研究课题面向共建绿色丝绸之路国家需求，以资源环境承载力基础调查与数据集为基础，由人居环境自然适宜性评价与适宜性分区，到资源环境承载力分类评价与限制性分类，再到社会经济发展适宜性评价与适应性分等，最后集成到资源环境承载力综合评价与警示性分级，由系统集成到国别应用，递次完成共建绿色丝绸之路国家资源环境承载力国别评价与对比研究，以期为绿色丝绸之路建设提供科技支撑与决策支持。课题主要包括以下研究内容。

　　（1）子课题 1，水土资源承载力国别评价与适应策略。科学认识水土资源承载阈值与超载风险，定量揭示共建绿色丝绸之路国家水土资源承载力及其国别差异，研究提出重要地区和重点国家的水土资源承载力适应策略与增强路径。

　　（2）子课题 2，生态承载力国别评价与适应策略。科学认识生态承载阈值与超载风险，定量揭示共建绿色丝绸之路国家生态承载力及其国别差异，研究提出重要地区和重点国家的生态承载力谐适策略与提升路径。

　　（3）子课题 3，资源环境承载力综合评价与系统集成。科学认识资源环境承载力综合水平与超载风险，完成共建绿色丝绸之路国家资源环境承载力综合评价与国别报告；建立资源环境承载力评价系统集成平台，实现资源环境承载力评价的流程化和标准化。

　　课题主要创新点体现在以下 3 个方面。

　　（1）发展资源环境承载力评价的理论与方法：突破资源环境承载力从分类到综合的阈值界定与参数率定技术，科学认识共建绿色丝绸之路国家的资源环境承载力阈值及其超载风险，发展资源环境承载力分类评价与综合评价的技术方法。

　　（2）揭示资源环境承载力国别差异与适应策略：系统评价共建绿色丝绸之路国家资源环境承载力的适宜性和限制性，完成绿色丝绸之路资源环境承载力综合评价与国别报告，提出资源环境承载力重要廊道和重点国家资源环境承载力适应策略与政策建议。

　　（3）研发资源环境承载力综合评价与集成平台：突破资源环境承载力评价的数字化、空间化和可视化等关键技术，研发资源环境承载力分类评价与综合评价系统以及国别报告编制与更新系统，建立资源环境承载力综合评价与系统集成平台，实现资源环境承载力评价的规范化、数字化和系统化。

"绿色丝绸之路资源环境承载力国别评价与适应策略"课题研究成果集中反映在"绿色丝绸之路资源环境承载力国别评价与适应策略"系列专著中。专著主要包括《绿色丝绸之路：人居环境适宜性评价》《绿色丝绸之路：水资源承载力评价》《绿色丝绸之路：生态承载力评价》《绿色丝绸之路：土地资源承载力评价》《绿色丝绸之路：资源环境承载力综合评价与系统集成》等理论方法和《老挝资源环境承载力评价与适应策略》《孟加拉国资源环境承载力评价与适应策略》《尼泊尔资源环境承载力评价与适应策略》《哈萨克斯坦资源环境承载力评价与适应策略》《乌兹别克斯坦资源环境承载力评价与适应策略》《越南资源环境承载力评价与适应策略》等国别报告。基于课题研究成果，专著从资源环境承载力分类评价到综合评价，从水土资源到生态环境，从资源环境承载力评价理论到技术方法，从技术集成到系统研发，比较全面地阐释了资源环境承载力评价的理论与方法论，定量揭示了共建绿色丝绸之路国家的资源环境承载力及其国别差异。

希望"绿色丝绸之路资源环境承载力国别评价与适应策略"系列专著的出版能够对资源环境承载力研究的理论与方法论有所裨益，能够为国家和地区推动绿色丝绸之路建设提供科学依据和决策支持。

封志明

中国科学院地理科学与资源研究所

2020 年 10 月 31 日

前　　言

《哈萨克斯坦资源环境承载力评价与适应策略》（*Evaluation and Suitable Strategy of Carrying Capacity of Resource and Environment in Kazakhstan*）是中国科学院"泛第三极环境变化与绿色丝绸之路建设"专项课题"绿色丝绸之路资源环境承载力国别评价与适应策略"（XDA20010200）的主要研究成果和国别报告之一。

本书从区域概况和人口分布着手，由人居环境适宜性评价与适宜性分区，到社会经济发展适应性评价与适应性分等；从资源环境承载力分类评价与限制性分类，再到资源环境承载力综合评价与警示性分级，建立了一整套由分类到综合的"适宜性分区—限制性分类—适应性分等—警示性分级"资源环境承载力评价技术方法体系；由公里格网到分州和国家，定量揭示哈萨克斯坦的资源环境适宜性与限制性及其地域特征，试图为促进其人口与资源环境协调发展提供科学依据和决策支持。

全书共9章。第1章"资源环境基础"，简要说明哈萨克斯坦国家概况，地质、地貌、气候、土壤等自然地理特征。第2章"人口与社会经济"，主要从哈萨克斯坦人口发展角度出发讨论了人口数量、人口素质、人口结构与人口分布等问题。第3章"人居环境适宜性与分区评价"，从地形起伏度、温湿指数、水文指数、地被指数分类评价，到人居环境指数综合评价，完成哈萨克斯坦人居环境适宜性评价与适宜性分区。第4章"土地资源承载力评价与区域增强策略"，从食物生产到食物消费，从土地资源承载力到承载状态评价，提出了哈萨克斯坦土地资源承载力存在的问题与增强策略。第5章"水资源承载力评价与区域调控策略"，从水资源供给到水资源消耗，从水资源承载力到承载状态评价，提出了哈萨克斯坦水资源承载力存在的问题与调控策略。第6章"生态承载力评价与区域谐适策略"，从生态系统供给到生态消耗，从生态承载力到承载状态评价，提出了哈萨克斯坦生态承载力存在的问题与谐适策略。第7章"资源环境承载力综合评价"，从人居环境适宜性评价与适宜性分区，到资源环境承载力分类评价与限制性分类，再到社会经济发展适应性评价与适应性分等，最后完成哈萨克斯坦资源环境承载力综合评价，定量揭示了哈萨克斯坦不同地区的资源环境超载风险与区域差异。第8章"社会制度变革对资源环境承载力的影响"，从资源环境承载力的历史趋势分析生态变化态势，探讨社会制度及政策变化对资源环境承载力的影响。第9章"哈萨克斯坦资源环境承载力评价技术规范"，遵循"适宜性分区—限制性分类—适应性分等—警示性分级"的总体技术路线，从分类到综合提供了一整套资源环境承载力评价的技术体系方法。

本书由课题负责人封志明拟定大纲、组织撰写，全书统稿、审定由闫慧敏、封志明、游珍负责完成。各章执笔人如下：第1章，封志明、闫慧敏、谢格格；第2章，游珍、陈依捷；第3章，李鹏、祁月基、肖池伟、蒋宁桑；第4章，杨艳昭、贾琨、汤峰；第

5 章，贾绍凤、吕爱锋、严家宝；第 6 章，闫慧敏、甄霖、胡云锋、黄麟、贾蒙蒙、牛晓宇、谢格格；第 7 章，封志明、游珍、连琛芹；第 8 章，闫慧敏、赖晨曦；第 9 章，闫慧敏、谢格格；本书图表由各章节执笔人负责编绘。读者有任何问题、意见和建议都可以反馈到 fengzm@igsnrr.ac.cn 或 yanhm@igsnrr.ac.cn，我们会认真考虑、及时修正。

本书的撰写和出版得到了课题承担单位中国科学院地理科学与资源研究所的全额资助和大力支持，在此表示衷心感谢。我们要特别感谢课题组的诸位同仁，杨小唤、刘高焕、蔡红艳、黄翀、付晶莹、王礼茂、何永涛、曹亚楠等，没有大家的支持和帮助，我们就不可能出色地完成任务。

最后，希望本书的出版，能够为绿色丝绸之路建设做出贡献，能够为促进哈萨克斯坦的人口合理布局与人口-资源环境协调发展提供有益的决策支持和积极的政策参考。

作　者

2022 年 1 月 10 日

目　　录

第1章　资源环境基础

1.1　国家和区域

哈萨克斯坦共和国（The Republic of Kazakhstan），简称哈萨克斯坦（Kazakhstan），地跨欧亚两个大洲，哈萨克斯坦国土面积 272.49 万 km^2，国境线总长度超过 1.05 万 km，为世界上最大的内陆国家，世界面积第九大国。其大部分区域位于亚洲，以乌拉尔河为洲界，在乌拉尔河以西的一小部分领土位于欧洲。北邻俄罗斯，南与乌兹别克斯坦、土库曼斯坦、吉尔吉斯斯坦接壤，西濒里海，东接中国。

哈萨克斯坦地形复杂、多为平原和低地，截至 2023 年 7 月，哈萨克斯坦约有 1989.9 万人口，约有 140 个民族，其中哈萨克族占 70.6%，俄罗斯族占 15.1%。哈萨克语为国语，官方语言为哈萨克语和俄语。多数居民信奉伊斯兰教（逊尼派），此外，还有东正教、天主教和佛教等。哈萨克斯坦国土面积大但人口较少，为世界上人口密度最低的国家之一。

哈萨克斯坦首都阿斯塔纳于 1997 年取代该国最大城市阿拉木图成为新首都，2019 年更名为努尔苏丹，2022 年 9 月重新命名为阿斯塔纳。本书中进行长时间尺度对比分析时统一使用 1999～2020 年的行政区划，其中 2018 年 6 月 19 日前，哈萨克斯坦设 14 个州、2 个直辖市，分别为：阿拉木图州、阿克莫拉州、阿克托别州、阿特劳州、巴甫洛达尔州、曼格斯套州、卡拉干达州、科斯塔奈州、克孜勒奥尔达州、江布尔州、东哈萨克斯坦州、南哈萨克斯坦州、西哈萨克斯坦州、北哈萨克斯坦州、阿斯塔纳市、阿拉木图市。2018 年 6 月 19 日南哈萨克斯坦州析出奇姆肯特市，更名为图尔克斯坦州[①]。2022 年 6 月 8 日总统托卡耶夫正式批准析东哈萨克斯坦州并以塞梅伊为主体建立阿拜州，析卡拉干达州并以杰兹卡兹甘为主体建立乌勒套州，并将阿拉木图州拆分为首府为塔尔迪库尔干的杰特苏州和首府为库纳耶夫的新阿拉木图州，哈萨克斯坦现设 17 个州、3 个直辖市。

---

① 由于哈萨克斯坦行政区划变更较为频繁，为便于时空对比分析，本书在进行空间统计时，将直辖市数据合并至邻近州进行计算，即阿拉木图市、阿斯塔纳市分别合并至阿拉木图州、阿克莫拉州，2018 年后设立的奇姆肯特市合并至南哈萨克斯坦州。

1.2 地质与地理

1.2.1 区域地质特征

1. 地层

哈萨克斯坦地层发育较为齐全,从太古界至新生界均有出露,其中尤以古生界最为发育,其复杂的地质情况也孕育出了丰富的矿产资源。

太古界主要见于哈萨克斯坦境内的乌卢陶·阿尔干纳金和科克切塔夫地区,主要由麻粒岩相和角闪岩相变质岩系组成(赵民和汤耀庆,1995)。下元古界主要分布于哈萨克斯坦东部与中国新疆接壤的伊犁盆地地区。下古生界寒武系见于哈萨克斯坦境内卡拉套山和天山,主要为冰碛岩、灰岩、硅质岩、碳质页岩,以磷块岩为特征,东巴尔喀什地区主要为砂岩、碧玉岩、凝灰岩等;奥陶系在阿尔泰地区为一套中深变质类复理石建造,岩性为黑云斜长片岩、贯入片麻岩、混合岩、变粒岩,在天山地区岩性为硅质粉砂岩、砂岩、碳质页岩、硅质岩、灰岩,巴尔喀什地区为海相碳酸盐岩——碎屑岩建造,岩性主要为灰岩、粉砂岩、砂岩、砾岩;志留系在阿尔泰地区为一套变质的正常碎屑岩、粉砂岩、片麻岩及混合岩,巴尔喀什地区为一套巨厚的海相陆原碎屑岩系,岩性主要为砂岩、粉砂岩、页岩、硅质岩和碧玉岩(王隆平,2001)。

上古生界泥盆系分布广泛,在阿尔泰地区为凝灰岩、石英角斑岩、火山角砾岩、斜长角闪片麻岩、凝灰角砾岩、混合岩;巴尔喀什地区为海相陆源沉积与安山岩-英安岩-流纹岩陆相火山岩建造岩;南哈萨克斯坦的中准噶尔地区为海相类复理石建造。石炭系在东哈萨克斯坦矿区阿尔泰地区为海相陆源类磨拉石建造(夹火山岩);在哈萨克斯坦—北准噶尔地区为海相下磨拉石建造与潟湖相含炭磨拉石建造。二叠系在哈萨克斯坦境内多为陆相和海陆交互相沉积,主要为陆相以中酸性为主的火山岩建造,陆相磨拉石建造和红色含煤建造(李锦铁等,2006)。

中生界三叠系主要分布于一些山前、山间盆地,均为陆相沉积。以含丰富的脊椎动物——水龙兽化石为特征,含工业煤层,同时又都是主要生油、储油地层。以杂色粗碎屑岩夹泥岩的河流-湖泊相沉积为主,由灰色细碎屑岩及灰岩的河湖相沉积组成。侏罗系出露范围较三叠系更为广泛,主要分布于一些山间盆地中,以天山南北缘发育最好,出露完整,其中下统以粗碎屑岩为主,局部夹安山玢岩及玄武玢岩,上部含煤层;中统为以细碎屑岩为主的含煤岩系;上统为以红色为主的杂砂岩组合,并以含脊椎动物化石为特征。白垩系全为陆相沉积,下白垩统岩性主要为灰绿色砂岩、泥岩互层,上统为砖红色粗碎屑岩夹泥岩。白垩系是主要含油盆地的储油层和生油层之一,其中有规模较大的膨润土矿床(王隆平,2001)。

新生界第三系分布广,尤以盆地及山前地区发育最佳,多为陆相碎屑岩沉积,沉积中心可见少量泥灰岩夹层,山前地带中新统以后为磨拉石建造。古近系和新近系含有多种矿产，其中石油、岩盐、石膏、砂岩铜矿等远景较大。第四系分布很广，均为陆相沉积，包括冲积、洪积、坡积、残积、风积、湖积、化学沉积、火山堆积、冰川堆积等多种成因类型。第四系含有较丰富的盐类矿产和砂金，并已发现有铂族矿物及金刚石等贵重砂矿（王隆平，2001）。

2. 主要构造单元和过程

哈萨克斯坦主要位于哈萨克斯坦古板块上，处于古亚洲洋西段，位于西伯利亚板块、塔里木板块之间（郑俊章等，2009）。哈萨克斯坦古板块在前寒武纪时是一个统一的板块。自文德纪，板块开始拉张、分裂，到古生代形成规模不等的众多地块，间有规模不大的洋盆相隔。其构造格局、洋陆分布情况与新生代西南太平洋、东南亚地区极为相似。经过古生代的拉张、分离、俯冲、聚合，在晚古生代，哈萨克斯坦古板块北侧、西伯利亚板块南侧与塔里木板块最终缝合在一起，从此三大板块一起开始了陆内山链发展阶段（赵民和汤耀庆，1995）。

进入中、新生代后，大陆基本固结，构造活动主要表现为陆内的断裂活动——陆内A 型俯冲和逆冲推覆作用，这是中生代前板块构造活动的继续，其动力可能是由于印度板块向欧亚大陆的俯冲和碰撞，这种作用至今仍在继续。三叠纪发育超覆型大型湖相沉积；侏罗纪发育湖-沼相及平原河流相沉积；白垩纪气候变干燥，湖盆萎缩，出现干旱湖泊及河流相沉积，广泛地超覆于老地层之上，盆地又重新转为稳定地块区（王隆平，2001）。

新生代喜马拉雅期多旋回地壳运动亦强烈而频繁。活动性主要集中在各大山系及其山前区。强烈隆升的青藏高原强大应力通过山系深断裂向整个中亚地区传导，应力通过山系强烈抬升和山前强烈下陷而释放。加里东期地壳运动后板块裂解出现活动带和稳定区，为盆地和山系相间的格局奠定了基础。海西期使原来的稳定区和活动带再次发生强烈活动，加强了盆地和山系体制再发展，盆地和山系由扩张机制转化成压缩机制，导致地壳缩短。三叠纪又出现大范围相对稳定的构造环境（王隆平，2001）。

侏罗纪时，盆地内山前断陷特别发育，断陷规模大，断陷深，沉积厚度大，而盆地内则相对较稳定，广泛地发育湖-沼相生油气岩系。白垩纪—古近纪发育大范围的超覆性的坳陷型沉积，成为区域性盖层。喜马拉雅期仍继承了山前断陷发育和盆地内相对稳定的构造特征并进行发展，控制了造山和造盆机制、地台内断陷和断隆的格局（王隆平，2001）。

哈萨克斯坦所在的中亚地区夹持在几大板块之间，基底为海西期拼合形成的新克拉通，也被称为"土兰地台"，由东欧克拉通—哈萨克斯坦板块南缘和一系列冈瓦纳大陆分裂出来的微板块拼贴碰撞而成，大小板块之间的缝合带形成了现今的褶皱山系（郑俊章等，2009）。在漫长的地质时期里，哈萨克斯坦发生过强烈而频繁的造山运动，这些运动也使其形成了众多大型地质构造框架，为地区地理环境形成创造了先决条件，从而形成山系与山系相接，盆地、谷地与山系相间的特殊地貌景观（Hu et al., 2014）。

在中亚地区发育的 16 个具有一定规模的盆地中，哈萨克斯坦境内拥有 11 个，其中

5 个发现商业油气，包括滨里海盆地、北乌斯丘尔特盆地、曼格什拉克盆地、南图尔盖盆地和楚河-萨雷苏盆地。

3. 矿产资源

哈萨克斯坦矿产资源非常丰富，矿产种类较为齐全，共发现 99 种，其中已勘查储量的有 70 种，超过 60 种正在开采。主要矿产类型包括石油、天然气、铀、煤、铬、铜、金、银、铅锌、镍、钨、钼、铁、锰、铝土矿、磷等。哈萨克斯坦矿产主要分布在东部地区以及乌拉尔矿带。全国共备案有各类矿床（点）8000 余处，包括油气田 300余处、金属矿产 900 余处、非金属矿产 3100 余处（如工业岩石）和地下水 3600 余处等。其中，3700 余处在开发，其余为国家储备。据统计，哈萨克斯坦多种矿产储量处于世界前列。按矿产资源储量计算，哈萨克斯坦是世界上的矿产资源最丰富的国家之一，而且哈萨克斯坦是国际矿业经济大国，采矿业是国民经济的支柱产业之一（高永伟等，2022）。

哈萨克斯坦境内划分为 5 个成矿区和 11 个成矿带。5 个成矿区分别为科克舍套成矿区、巴彦阿乌尔成矿区、田吉兹成矿区、杰兹卡兹甘成矿区、巴尔喀什成矿区。11 个成矿带分别为乌拉尔矿产带、图尔盖成矿带、乌卢套成矿带、卡拉套成矿带、楚-伊犁成矿带、乌斯品带、成吉思-塔尔巴哈台带、扎尔马-萨吾尔成矿带、阿尔泰成矿带、准噶尔成矿带、北天山成矿带（黄剑云等，2007；戴自希等，2001）。区域地质构造与其分布特点息息相关，而哈萨克斯坦的成矿分带性总体来看是较为混乱的，但在个别地区可以看出一些有序的单元，如矿带中的带状-条带状单元以及矿区的格状单元。

1.2.2 自然地理特征

哈萨克斯坦地形复杂，处于平原向山地的过渡地带，境内多为平原和低地。境内有辽阔的草原，约占国土面积的 1/3，荒漠与半荒漠分布广泛，占国土面积的一半以上，其中，从里海延伸到阿尔泰山的半荒漠占国土面积的 15%。哈萨克斯坦最北部是平原，并且广布针叶林带和人造林带，中部为哈萨克丘陵，东部和东南部为阿尔泰山和天山，西部是图兰低地和里海沿岸低地。

哈萨克斯坦整体地势特点是东南高、西北低，西部和西南部地势最低。里海沿岸低地向南海拔逐渐下降，里海沿岸低于海平面达 28m；最低点卡拉基耶盆地低于海平面132m。向南又逐渐升高，形成海拔 200～300m 的于斯蒂尔特高原和曼格斯拉克半岛上的卡拉套山、阿克套山（海拔为 555m）。东北部的图兰平原从哈萨克斯坦东北部经中部逐渐向哈萨克丘陵过渡，再向东南部的天山山脉延伸。

哈萨克斯坦的东部和东南部是有着崇山峻岭和山间盆地的山地，包括阿尔泰山、塔尔巴哈台山、准噶尔阿拉套山、外伊犁阿拉套山、天山等。阿尔泰山系在哈萨克斯坦境内分为南阿尔泰山和北阿尔泰山，高度在海拔 2300～2600m 之间，其最高峰别卢哈峰海拔 4506m。准噶尔阿拉套山脉总长 450km，宽 100～350km，被科克苏河和博拉塔尔河分割成北准噶尔阿拉套山和南准噶尔阿拉套山。其最高峰别斯巴坎峰海拔 4464m。天山山系位于哈萨克斯坦的东南端，为中国、哈萨克斯坦、吉尔吉斯斯坦三国界山，其雄奇险峻的山峰长年被积雪和冰川所覆盖。最高峰汗腾格里峰海拔 6995m，也是哈萨克斯坦境内的最高峰。从天山山系向西北延伸着山势不高的楚伊犁山脉。

哈萨克斯坦全境大部分区域属内流流域，主要河流有锡尔河、乌拉尔河、伊希姆河、恩巴河和伊犁河等，大部分注入内陆湖泊。境内湖泊众多，包括巴尔喀什湖、斋桑泊等，与乌兹别克斯坦共分咸海，西临里海（世界最大的内陆湖），多数湖泊为咸水湖。

1.3　气象和气候

1.3.1　气象气候特征

由于地处大陆深处，远离海洋，哈萨克斯坦属于典型的大陆性气候，夏季炎热干燥，冬季寒冷少雪，全国绝大部分地区年降水量小于 250 mm。四季和昼夜的温差大，在沙漠地区尤其明显，有历史记录的最高和最低气温分别为 49℃和–57℃。全年多风，冬季多刮刺骨寒风，夏季多刮干燥热风（Chen et al.，2016）。哈萨克斯坦气候还包括极端的大陆性气候，夏天温暖而冬天严寒，山区高峰亦有终年积雪。干燥、半干燥气候地区降水逐渐减少，哈萨克斯坦的半荒漠和荒漠占全国面积 60%左右，在荒漠地区的年降水量不足 100mm，冬天则相当干燥。

1.3.2　气温特征

哈萨克斯坦属大陆性气候，夏季平均气温高于 30℃，而冬季平均气温为–12℃，首都阿斯塔纳 1 月平均气温–19～–4℃，7 月平均气温 19℃～26℃。阿斯塔纳为仅次于乌兰巴托的世界第二寒冷首都，冬天最低温度可达–40℃以下，常有 4～5 级大风。原首都阿拉木图最低气温则为–20℃左右，极少有风。哈萨克斯坦既有低于海平面几十米的低地，又有巍峨的高山山脉，山顶的积雪和冰川长年不化，北部的自然条件与俄罗斯中部及英国南部相似，南部的自然条件与外高加索及南欧的地中海沿岸国家相似。

1.3.3　降水特征

哈萨克斯坦降水分布具有明显的空间分异，北部年降水量 250～500mm，荒漠地带降水量少于 100mm，山区 1000～2000mm。西南部属图兰低地和里海沿岸低地。中、东部属哈萨克丘陵，其中东缘多山地。哈萨克斯坦的半荒漠和荒漠大多都在西南部，北部自然环境类似俄罗斯，较为湿润，北部和里海地区均可接受来自海洋的水汽。

1.4 土壤类型与质地

1.4.1 土壤类型

哈萨克斯坦属干旱缺水地区，沙漠、荒漠和半荒漠占国土面积的90%以上，这些地区降水稀少、气候干燥、植被稀疏，因此大部分地区土壤盐碱化与沙化严重，境内既有世界干旱地区的主要土壤类别，还有独特的寒性土、盐积土、超盐积土和盐磐干旱土，以及湖泊干涸或河流改道形成的残余潮湿正常盐成土、绿洲的灌淤旱耕人为土（Gong et al.，2017）。

对照中国土壤系统分类，哈萨克斯坦主要有人为土、干旱土、盐成土、均腐土、淋溶土、雏形土、新成土等（龚子同等，2019）。在生物气候、母岩组分和性质的共同作用下，哈萨克斯坦土壤从西到东、从北到南荒漠土发育过程明显，是典型的温带荒漠土分布地区。从土壤地理发生分类上分析境内的荒漠土壤分布，哈萨克斯坦森林草原、部分半干旱草原区域分布着黑钙土；半干旱、干旱草原主要分布栗钙土；荒漠地区分布有荒漠土与龟裂状砂土。从垂直分布上来看，在山下-山麓半荒漠区域，主要分布着灰钙土、盐土；在低山草原地区，分布着灰钙土、栗钙土与黑钙土；在中高山草甸森林地区分布有黑钙土、褐土与森林土；在高山草甸亚高山与高山带分布有高山土与草原土（Hu et al., 2014；张建明等，2013）。

从土壤分区上看，哈萨克斯坦中北部基本为寒温带土壤区，北面与俄罗斯均腐土带相连（Gong，2012），属森林草原和干旱草原带，主要土壤为均腐土，大部分为放牧场和草场，部分为雨养农业区。南部主要为中温带土壤区，属中温带灌木、半灌木和小灌木荒漠带，土壤为干旱土、砂质新成土、龟裂残积盐成土。山地土壤区则主要分布在境内东南部，并多与中国境内天山山脉和阿尔泰山相连。生物气候随山地海拔高度上升形成土壤垂直带谱。在阿尔泰山自山麓至山顶为正常干旱土—干润均腐土—寒冻雏形土—冰川永久积雪；天山北坡为钙积正常干旱土—钙积干润均腐土—干润淋溶土—草毡寒冻雏形土—裸岩倒石堆—冰川永久积雪；天山南坡较干旱，均腐土—森林土呈片块状分布，各土带分布界线相应增高；昆仑山北坡山体更干燥，垂直结构中干旱土带扩展，无森林土带，草毡寒冻雏形土只在冰川前缘断续分布（龚子同等，2019）。

1.4.2 土壤质地

哈萨克斯坦大部分地区都为荒漠、半荒漠地区，这些地区风化作用微弱，使土壤具有浅（土层浅薄）、粗（颗粒粗）、盐（土壤盐化）、瘠（土壤养分贫乏）等特征，构成了这一地区特有的土壤发育特点。境内分布广泛的温带荒漠土，土壤剖面中风化物转移弱，使其外表层不明显，不具有草原类型成土的草皮层，取而代之的则是多孔硬壳和片层状皮（壳）下土层；同时腐殖质层较少，富里酸含量低，矿物聚合度和高沙尘组分弱；

从淤泥粒级再分配上看,剖面中有更紧密且明显的黏质和铁质化的褐色或粉褐色淀积层形成;土壤中的碳酸盐含量高,部分碱度较弱(龚子同等,2019;Gong et al.,2017)。

虽然哈萨克斯坦荒漠、半荒漠区占比很大,但其国家面积辽阔,人均土地面积占有量大,并且热量资源充足,大部分地区尤其是中部土壤质地疏松,透水性能好,并具有一定的肥力条件,所以在先进的灌溉条件下,有利于喜温作物生长,对发展畜牧业也具有良好的条件基础,因此农牧业一直是其最主要的经济部门。但由于常年重用轻养、粗放式经营,导致土壤肥力衰退,造成原来自然肥力较高的土壤有机质含量下降;并且由于灌排系统不配套、管理不善、地下水位抬高或接纳上游地区可溶性盐类,产生土壤次生盐渍化和沼泽化,会极大地影响旱耕人为土作物产量。因此在农牧业发展规划中必须着力解决这些问题以保证在不影响生态系统平衡的情况下农牧业能够健康持续发展。

1.5　本章小结

哈萨克斯坦地域辽阔,自然资源丰富,如耕地、矿产、油气等资源。近些年来哈萨克斯坦的耕地面积一直在逐步增加,目前境内大约 1/10 的土地面积被归类为可耕地,这也是该国农业发展的重要依托,其农业部门能够贡献国内生产总值的约 5%,是国民经济发展的主要经济部门。哈萨克斯坦矿产资源数量大、种类多,尤其是有色金属矿藏,境内有 90 多种矿藏,同时油气资源储量丰富,可以说其最重要的自然资源就是石油和天然气,使其有潜力成为该地区主要的石油出口国之一,这也为哈萨克斯坦的主要工业如冶金、煤炭、石油、矿石等的发展提供了物质基础。哈萨克斯坦突出的资源环境基础也使得其具有发展对外合作的有利条件。目前哈萨克斯坦与中国的教育、文化、科技领域合作成果丰硕,常年互派文艺团组演出。截至 2023 年 10 月,中哈已建立 25 对友好省州和城市,其中北京市和阿斯塔纳市互为友好城市。

参 考 文 献

戴自希, 白冶, 吴初国, 等. 2001. 中国西部和毗邻国家铜金找矿潜力的对比研究. 北京: 地震出版社.

高永伟, 刘明义, 张丹丹, 等. 2022. 哈萨克斯坦主要矿产资源特征及矿业投资环境. 地质与勘探, 58(2): 454-464.

龚子同, 陈鸿昭, 张甘霖, 等. 2019. 中亚土壤可持续利用和生态环境建设. 生态环境学报, 28(6): 1242-1250.

黄剑云, 李强, 卢兰英, 等. 2007. 哈萨克斯坦主要铜矿成矿带地质特征及重要矿床. 新疆地质, (2): 177-178.

李锦轶, 王克卓, 孙桂华, 等. 2006. 东天山吐哈盆地南缘古生代活动陆缘残片: 中亚地区古亚洲洋板块俯冲的地质记录. 岩石学报, (5): 1087-1102.

王隆平. 2001. 中亚地球物理与构造格架. 长沙: 中南大学.

张建明, 胡双熙, 周宏飞, 等. 2013. 中亚土壤地理. 北京: 气象出版社.

赵民, 汤耀庆. 1995. 哈萨克斯坦—中天山构造演化. 见: 中国地质科学院地质研究所文集. 北京: 地质出版社. (28): 54-66.

郑俊章，周海燕，黄先雄. 2009. 哈萨克斯坦地区石油地质基本特征及勘探潜力分析.中国石油勘探，14(2):80-86,8.

Chen Q X, Hong D C, Hou Y, et al. 2016. Analysis of the eco-environmental condition of Kazakhstan and its impact factors using remote sensing data. Journal of Geo-information Science, 18(7): 1000-1008.

Gong Z T, Chen H Z, Yang F, et al. 2017. Pedogeochemistry and environment of Aridisol Regions in Central Asia. Arid Zone Research, 34(1): 1-9.

Gong Z T. 2012. From chernozems in Russia to Phaeozems in China. Chinese Journal of Soil Science, 43(5): 1025-1028.

Hu R J, Jiang F Q, Wang Y J, et al. 2014. Arid ecological and geographical conditions in five countries of Central Asia. Arid Zone Research, 31(1): 1-12.

第 2 章　人口与社会经济

社会经济对区域资源环境承载能力的发挥起着调节作用。本章从人口规模与增减变化、人口结构与人口迁移、人口分布与集疏格局方面，分析哈萨克斯坦近年人口现状与发展变化特征；以人类发展水平、交通通达水平、城市化水平三个方面的评价为基础，综合评价哈萨克斯坦社会与经济发展的区域差异。本章的内容将为哈萨克斯坦资源环境承载力的综合评价提供基础支撑。

2.1　人　　口

本节基于哈萨克斯坦人口统计数据和格网数据，以国家和州（市）为基本研究单元，从人口规模与增减变化、人口结构与人口迁移以及人口分布格局与集疏特征方面对哈萨克斯坦的人口发展特征进行了分析。

2.1.1　人口规模与增减变化

哈萨克斯坦是中亚地区第二大人口国家，但人口增长速度居于中亚五国末位。2019年，哈萨克斯坦人口总量为 1851.39 万人，仅次于乌兹别克斯坦的 3358.04 万人，人口总量居于中亚第二名。而中亚地区其余三国人口总量均不足 1000 万人（塔吉克斯坦、吉尔吉斯斯坦和土库曼斯坦分别为 932.1 万人、645.62 万人和 594.21 万人）。从人口增长态势来看，2000～2019 年，哈萨克斯坦年均人口增长率为 1.22%，低于乌兹别克斯坦的 1.81%、塔吉克斯坦的 2.5%、吉尔吉斯斯坦的 1.59% 和土库曼斯坦的 1.58%，排名中亚五国末位（图 2-1）。

哈萨克斯坦人口增长逐渐恢复正常水平，近年来呈稳定增加趋势。2019 年，哈萨克斯坦人口总量超过 1800 万人，在中亚地区仅次于乌兹别克斯坦，是中亚第二人口大国。相较于 2000 年的 1500 万人，哈萨克斯坦在 2000～2019 年间增长 300 余万人，增幅接近 1/4。从年均人口增长率来看，哈萨克斯坦人口增长大致可以分为两个阶段：第一阶段是 2000～2006 年，自从苏联解体之后，哈萨克斯坦经历了十余年的人口净流出，之后人口增长逐渐恢复正常水平，人口增长率从 2000 年的负增长（–0.3%）逐渐恢复到 2006 年的 1% 左右；第二阶段是 2007 年至今，哈萨克斯坦人口保持增长态势，近年来人口增长率逐渐稳定在 1.3% 左右（图 2-2）。

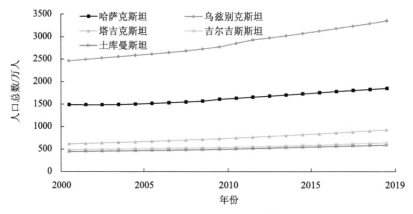

图 2-1　哈萨克斯坦及中亚其他四国 2000～2019 年人口总量

数据来源于世界银行（https://data.worldbank.org.cn/）。

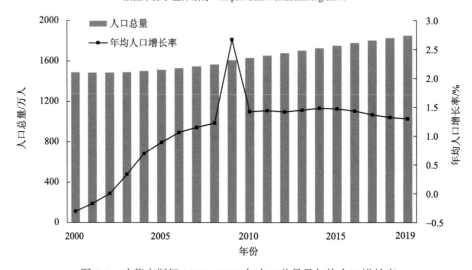

图 2-2　哈萨克斯坦 2000～2019 年人口总量及年均人口增长率

数据来源于世界银行（https://data.worldbank.org.cn/）。另外，2009 年哈萨克斯坦人口增长率出现异常升高，可能是由于该国在 2009 年开展人口普查进行了数据修正所致。

2.1.2　人口结构与人口迁移

哈萨克斯坦人口男女性别比长期稳定在 1.1 左右。2018 年，哈萨克斯坦男女性别比为 1.07，略高于中亚地区其余四国，但略低于世界平均水平，处于 1.03～1.07 的正常范围内。哈萨克斯坦的人口性别比较为稳定，相较于 2007 年的 1.06，2018 年略有增加并接近于世界平均水平，在 2007～2018 年间呈现稳定上升的趋势，增长幅度高于中亚地区其余四国，从 2007 年的第四位在 2018 年一跃成为中亚地区首位（图 2-3）。

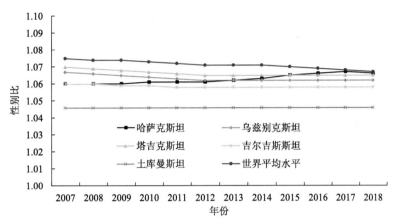

图 2-3　哈萨克斯坦 2007~2018 年性别比变化情况

数据来源于世界银行（https://data.worldbank.org.cn/）。

哈萨克斯坦人口金字塔呈现增长型，少年儿童和青壮年占比较高，基本属于年轻型。以 5 岁间隔为一组的年龄结构分布中，0~4 岁的儿童占比最高，但 2020 年较 2015 年有所下降，由占总人口比例的 10.8% 下降到 10.55%。同时，2020 年哈萨克斯坦的人口金字塔在 15~24 岁的年龄分组表现出了明显的收缩（2015 年为 10~19 年龄组），属于在1995~2005 年出生的人口，这可能和苏联解体后，哈萨克斯坦的社会经济陷入停滞有关，经济增速放缓乃至负增长导致人们的生育意愿下降，出生人口明显减少，但随着哈萨克斯坦的经济逐渐恢复，出生人口大量增加，使得该国的人口结构呈现了两次明显的凸出分布（图 2-4）。

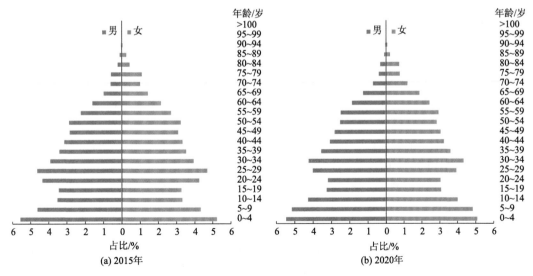

图 2-4　2015 年和 2020 年哈萨克斯坦的人口金字塔

数据来源于哈萨克斯坦统计年鉴。

哈萨克斯坦人口抚养比[①]呈现先下降后上升的变化趋势。2019 年，哈萨克斯坦人口总抚养比为 57.56%，在中亚五国中排名第三位，在塔吉克斯坦（67.1%）和吉尔吉斯斯坦（58.99%）之后，略高于世界平均水平（54.48%）。少儿抚养比和老年人口抚养比分别 45.51% 和 12.06%，人口总抚养比主要受少儿抚养比的影响。从 2000~2019 年变化情况来看，哈萨克斯坦的人口总抚养比和少儿抚养比在 2000~2010 年呈现下降趋势，2010 年人口总抚养比和少儿抚养比达到了最低值，分别为 44.65% 和 34.79%，2011~2019 年呈现逐年上升趋势，2019 年达到了最高值，分别为 57.56% 和 45.51%。相对而言，老年人口抚养比变化幅度较小，2000~2019 年一直在 10% 左右，但在 2019 年也达到了最高值 12.06%，表明哈萨克斯坦现在正处于人口抚养压力高值区（图 2-5）。

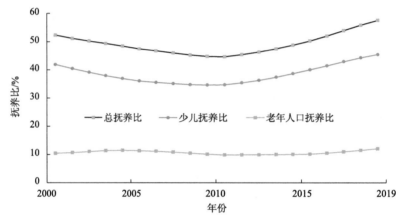

图 2-5　哈萨克斯坦 2000~2019 年人口抚养比变化

数据来源于世界银行（https://data.worldbank.org.cn/）。

哈萨克斯坦是一个多民族的国家，约有 140 个民族，其中哈萨克族占 70.6%，俄罗斯族占 15.1%，其他的民族还包括：乌孜别克族、乌克兰族、维吾尔族、鞑靼族、德意志族、白俄罗斯族、朝鲜族、阿塞拜疆族、波兰族、土耳其族、车臣族、塔吉克族、库尔德族、亚美尼亚族、汉族、犹太族以及吉尔吉斯族等。有研究表明，在 20 世纪 80 年代，哈萨克斯坦境内哈萨克族人口要少于俄罗斯族，自该国 1991 年独立后，哈萨克族人口快速上升，而俄罗斯族、乌克兰族和德意志族人口大量外迁，占全国总人口的比例已经急剧下降。同时，哈萨克斯坦是一个多宗教信仰的国家，国内的宗教主要有伊斯兰教、东正教、基督教新教、佛教和犹太教等。其中，伊斯兰教是该国第一大宗教，信仰该宗教的民族主要有哈萨克族、乌兹别克族、鞑靼族、吉尔吉斯族、维吾尔族、塔吉克族、库尔德族和阿塞拜疆族等 20 多个民族，主要集中在哈萨克斯坦境内的西部和南部地区，如江布尔州、南哈萨克斯坦州、克孜勒奥尔达州、曼格斯套州和阿克托别州等。而东正教是该国的第二大宗教，信仰的民族主要为俄罗斯族、乌克兰族和白俄罗斯族等。

---

① 人口抚养比指总体人口中非劳动年龄人口数与劳动年龄人口数之比，通常用百分比表示。

2.1.3　人口分布与集疏特征

哈萨克斯坦人口分布深受地形和气候的影响，人口主要集中在南部和东部的帕米尔高原融雪产生的山前冲积三角洲，尤其以原首都阿拉木图市和奇姆肯特市最为密集。这里灌溉水源丰富，适宜发展农业，资源环境承载力较高。中部多为荒漠，气候恶劣，不适合人类生存，因此人口分布十分稀疏。北部受到来自西北的北大西洋暖流影响，降水较多，气候和俄罗斯较为相似，因此北部也属于人口相对密集区，尤其以首都努尔苏丹市人口最为密集（图 2-6）。

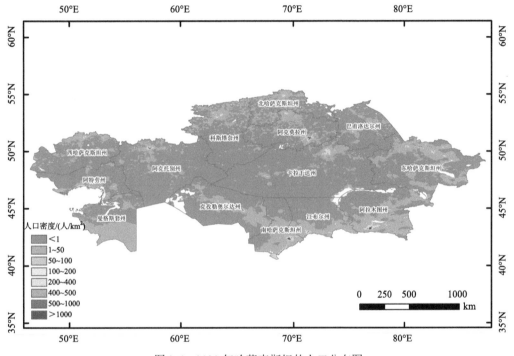

图 2-6　2020 年哈萨克斯坦的人口分布图

数据来源于 WorldPop2020（https://www.worldpop.org/）。

哈萨克斯坦人口高度集中在少数几个大城市，人口分布高度不均衡。2020 年，哈萨克斯坦包含 14 个州，3 个直辖市，各州的国土面积基本都在 10 万 km² 以上，而 3 个直辖市面积则基本在 0.1 万 km² 左右，面积最大的州为西部的阿克托别州，在 30 万 km² 以上，最小的为阿拉木图市，国土面积不足 0.1 万 km²。从人口总数来看，14 个州里面，东南部的阿拉木图州人口最多，2020 年人口超过了 205 万人，而最少的州为北哈萨克斯坦州，人口不足 55 万人，两者相差近 3 倍。3 个直辖市人口均在 100 万以上，超过大部分州的人口总数，其中原首都阿拉木图市人口近 200 万人。而人口密度更能直观地展示哈萨克斯坦人口分布的高度不平衡性，3 个直辖市的人口密度远大于 14 个州，人口高度集中在几个大城市中（表 2-1）。

表 2-1　2020 年哈萨克斯坦各州（市）人口分布情况

州（市）	国土面积/万 km²	人口总数/万人	人口密度/（人/km²）
阿克莫拉州	14.61	73.67	5.0
阿克托别州	30.06	88.17	2.9
阿拉木图州	22.36	205.57	9.2
阿特劳州	11.86	64.53	5.4
西哈萨克斯坦州	15.13	65.68	4.3
江布尔州	14.43	113.01	7.8
卡拉干达州	42.80	137.69	3.2
科斯塔奈州	19.60	86.85	4.4
克孜勒奥尔达州	22.60	80.35	3.6
曼格斯套州	16.56	69.88	4.2
巴甫洛达尔州	12.48	75.22	6.0
北哈萨克斯坦州	9.80	54.88	5.6
南哈萨克斯坦州	11.61	201.60	17.4
东哈萨克斯坦州	28.32	136.96	4.8
努尔苏丹市	0.08	113.62	1425.5
阿拉木图市	0.07	191.68	2806.5
奇姆肯特市	0.12	103.82	892.7
全国	272.49	1863.18	6.8

注：数据来源于哈萨克斯坦统计年鉴。南哈萨克斯坦州已于 2018 年更名为图尔克斯坦州，但为保持数据统计时前后一致，本章仍将其称为南哈萨克斯坦州。

人口迁移方面，从国际人口迁移角度来看，2019 年，哈萨克斯坦人口国际迁移呈现净流出的趋势。从净迁移人数来看，2019 年哈萨克斯坦人口国际净流出达 3.30 万人，尤其以迁往俄罗斯人口最为众多，达到了 3.64 万人。2019 年其他国家向哈萨克斯坦流入 1.23 万人，主要迁入国家为乌兹别克斯坦、俄罗斯和中国，人口流入以周边国家为主。2019 年哈萨克斯坦人口流出 4.52 万人，主要人口流出国为俄罗斯和德国，而且这些流出人口主要为哈萨克斯坦境内的俄罗斯和德意志民族，这些民族的人口自哈萨克斯坦独立以来就不断向国外迁移（表 2-2）。

表 2-2　2019 年哈萨克斯坦国际人口迁移情况

国家	流入人口/人	流出人口/人	净迁移人口/人
阿塞拜疆	199	39	160
亚美尼亚	34	6	28
白俄罗斯	75	355	−280
吉尔吉斯斯坦	374	177	197
摩尔多瓦	15	6	9
俄罗斯	3378	39774	−36396
塔吉克斯坦	172	5	167
土库曼斯坦	879	44	835

续表

国家	流入人口/人	流出人口/人	净迁移人口/人
乌兹别克斯坦	4174	440	3734
乌克兰	101	81	20
其他国家	2854	4298	−1444
美国	83	273	−190
德国	230	2803	−2573
希腊	3	5	−2
格鲁吉亚	43	3	40
以色列	12	150	−138
伊朗	130	3	127
加拿大	18	82	−64
中国	1492	92	1400
拉脱维亚	0	3	−3
立陶宛	5	2	3
蒙古国	270	11	259
土耳其	136	83	53
爱沙尼亚	1	1	0
其他	431	787	−356
合计	12255	45225	−32970

注：数据来源于哈萨克斯坦统计年鉴。净迁移一栏中，负数表示人口净流出，正数表示人口净流入。

　　国内人口迁移方面，人口净迁移方面，2019 年哈萨克斯坦 14 州中有 13 个州人口净流出，而 3 个直辖市均为人口净流入，尤其以原首都阿拉木图市和现首都努尔苏丹市人口净流入最为突出。从流入人口数量来看，2019 年哈萨克斯坦人口流入最多的是首都努尔苏丹市，人口流入总量超过 16 万人，然后是阿拉木图市和南哈萨克斯坦州，而人口流入最少的为北哈萨克斯坦和阿特劳两个州，人口流入总量均在 2.4 万人左右。从流出人口数量来看，南哈萨克斯坦州、阿拉木图州和努尔苏丹市位居前三名，2019 年人口流出总量均在 10 万人以上，而人口流出总量最少的为北哈萨克斯坦州和阿特劳州，流出人口不足 3 万人，值得一提的是，这两个州也是哈萨克斯坦人口最少的两个州（表 2-3）。

表 2-3　2019 年哈萨克斯坦各州（市）人口迁移情况

州（市）	流入人口/人	流出人口/人	净迁移人口/人
阿克莫拉州	38603	42609	−4006
阿克托别州	39615	40520	−905
阿拉木图州	117515	138417	−20902
阿特劳州	24743	26565	−1822
西哈萨克斯坦州	38357	39830	−1473
江布尔州	51673	65722	−14049
卡拉干达州	53309	59191	−5882

州（市）	流入人口/人	流出人口/人	净迁移人口/人
科斯塔奈州	40588	42639	−2051
克孜勒奥尔达州	39307	44893	−5586
曼格斯套州	41740	40513	1227
巴甫洛达尔州	35557	36124	−567
北哈萨克斯坦州	23234	25517	−2283
南哈萨克斯坦州	129408	142709	−13301
东哈萨克斯坦州	58333	68361	−10028
努尔苏丹市	161408	126974	34434
阿拉木图市	140874	98557	42317
奇姆肯特市	75988	71111	4877

注：数据来源于哈萨克斯坦统计年鉴。净迁移一栏中，负数表示人口净流出，正数表示人口净流入。

2.2 社 会 经 济

社会经济是以人为核心，包括社会、经济、教育、科学技术及生态环境等领域，涉及人类活动的各个方面和生存环境的诸多复杂因素的巨系统。一方面，人是社会经济活动的主体，以其特有的文明和智慧协同大自然为自己服务，使其物质文化生活水平以正反馈为特征持续上升；另一方面，人是大自然的一员，其一切宏观性质的活动都不能违背自然生态系统的基本规律，都受到自然条件的负反馈约束和调节。人口发展与空间布局既要与资源环境承载力相适应，也要与社会经济发展相协调，这体现了社会经济发展对资源环境限制性的进一步适应，包括强化和调整。

由此，该节基于哈萨克斯坦统计年鉴和世界银行相关统计数据，综合运用遥感和互联网大数据，结合实地考察与调研，构建哈萨克斯坦社会经济发展专题数据库，研发社会经济发展水平综合评价模型，将人类发展指数、交通通达指数、城市化发展指数纳入社会经济发展水平评价体系，以州为基本研究单元（本节已将直辖市数据合并至邻近州进行计算），从基础指标到综合指数，定量研究哈萨克斯坦的人类发展水平、交通通达水平和城市化水平，基于上述3个分项指数，综合评价哈萨克斯坦的社会经济发展水平，为完成社会经济对哈萨克斯坦资源环境承载力的适应性评价提供数据支撑（封志明等，2021）。

2.2.1 人类发展水平评价

人类发展指数（human development index，HDI）是由联合国开发计划署（UNDP）在《1990 年人文发展报告》中提出的，是衡量联合国各成员国经济社会发展水平的指标，是根据"教育水平、预期寿命和收入水平"三项基础变量，按照一定的计算方法得出的综合指标。本节首先讨论哈萨克斯坦教育、医疗和收入各类指标近数年的变化趋势,最后分级评价哈萨克斯坦各州的人类发展水平。

1. 教育事业发展

1936~1991 年哈萨克斯坦为苏维埃社会主义共和国联盟加盟国,苏联完善的全民教育体系和教育理念已经为哈萨克斯坦良好的教育基础提供了保障。

哈萨克斯坦的人口素质水平整体较高。独立前,哈萨克斯坦成人识字率已超过 99%,基本消除文盲,且远高于全球的平均水平(86.48%),人口素质水平较高。自 1991 年独立以来,在"哈萨克斯坦-2050"等国家长期发展战略中,教育也被认为是哈萨克斯坦未来主要的国家战略之一。该国政府积极、持续地进行教育改革,并对教育质量进行控制。截至 2019 年,哈萨克斯坦中学及小学的净入学率分别达到 99.84% 及 86.86%(图 2-7)。

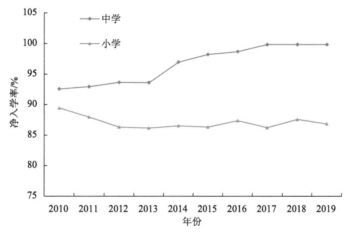

图 2-7　2010~2019 年哈萨克斯坦小学及中学净入学率变化图
数据来源于世界银行(https://data.worldbank.org.cn/)。

以高等教育为例,哈萨克斯坦的高等教育入学率高居中亚五国首位,远高于全球平均水平,较高的高等教育入学率体现了哈萨克斯坦的高素质劳动力储量较为可观,人力资本较为丰富(表 2-4)。

表 2-4　2019 年哈萨克斯坦及中亚四国的识字率、公共教育占比和高等教育入学率情况(单位:%)

国家	15 岁以上人口识字率	公共教育占政府支出比例	高等教育入学率
哈萨克斯坦	99.78(2018 年)	13.88(2019 年)	61.75(2019 年)
塔吉克斯坦	99.8(2014 年)	16.39(2015 年)	31.26(2017 年)
土库曼斯坦	99.7(2014 年)	22.84(2019 年)	14.23(2019 年)
哈萨克斯坦	99.99(2018 年)	23.03(2019 年)	12.58(2019 年)
吉尔吉斯斯坦	99.59(2018 年)	15.73(2019 年)	42.32(2019 年)
全球平均	86.48(2018 年)	14.34(2019 年)	38.85(2019 年)

注:因世界银行统计的各国社会经济数据并不完整,本文采取了各国最近年份数据进行替代。数字后面的括号指代数据的统计年份。

从时间上来看，2010～2019 年哈萨克斯坦的高等教育入学率呈现波动上升的趋势，从 2010 年的不足 50%上升到 2019 年的 60%多，10 年间高等教育入学率上升了十几个百分点，尤其是 2016～2019 年，该国的高等教育入学率上升速度非常快，受过高等教育的人口数量持续增加。具体从性别来看，女生高等教育入学率要高于男生，而且近 10 年一直保持着约 10%的差距，说明女生受高等教育水平要高于男生，女性的文化素质整体上高于男性（图 2-8）。

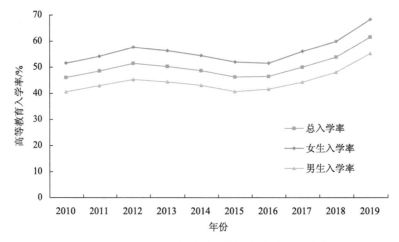

图 2-8　2010～2019 年哈萨克斯坦高等教育入学率

数据来源于世界银行（https://data.worldbank.org.cn/）。

教育教学质量控制方面，哈萨克斯坦重视教师的基本素养和实际上岗教学的人数。目前，普通教育教师全部接受过相关培训，2014～2019 年期间，其普通公立学校平均每千人配备教师数持续保持在 280～290 人左右，普通私立学校平均每千人配备教师数持续保持在 3 人左右，私立夜校平均每千人配备教师数持续保持在 1 人左右（图 2-9）。

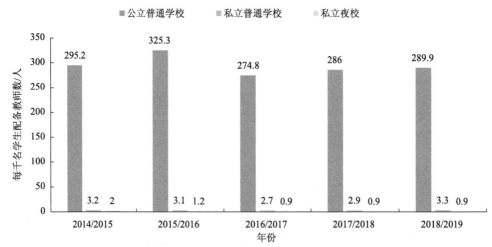

图 2-9　2014～2019 年每千名学生配备教师数

数据来源于哈萨克斯坦 2019 年统计年鉴。

依照哈萨克斯坦的《教育法》，其教育体系分为四个层面：学龄前教育、中等教育（普通中等教育、初级职业教育及中等专业教育）、高等教育及后高等教育。政府在推进12 年制义务教育改革（小学为一至四级，中学为五至十年级，高中为十一至十二年级），鼓励创办私立学校，进行多语言教学及职业方面的专业培训。2014～2019 年期间，在校内接受多语言教学的学生从 261.59 万人增加至 310.53 万人，教学的语言以哈萨克语、俄语及英语为主（图 2-10）。接受职业培训的学生数由 18.56 万人增加至 20.33 万人。

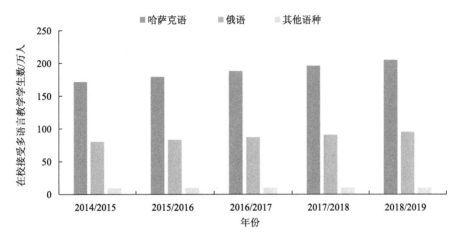

图 2-10 普通学校中接受多语言教学的学生数

数据来源于哈萨克斯坦 2019 年统计年鉴。

为保证哈萨克斯坦高等教育相关制度的开展，该国出台了《高等教育财政规划草案》等政策，持续重视教育改革并提供财政援助。政策规定了国家财政为全国高校统一直接拨款的制度，并出台了为大学生提供助学贷款等一系列举措，公共教育支出占政府支出总额的比例接近 14%。2009 年起，哈萨克斯坦每年的教育支出总额已接近 40 亿美元，教育支出占国民收入比例逐渐稳定在 3.00%的水平。

但是从当前中亚五国的教育支出实际情况来看，哈萨克斯坦仍位居末位，也低于全球平均水平，表明哈萨克斯坦政府财政对教育的支撑仍不足以满足本国的教育资金需要。近年来，哈萨克斯坦的教育公共开支占 GDP 比例呈现下降趋势，2000 年教育公共开支占 GDP 比例为 3.26%，2005 年下降了近一个百分点（2.23%），之后在 2009 年虽然有所回升（3.06%），但仍低于 2000 年水平，2015 年和 2018 年又不断下降。教育公共开支占 GDP 比例是反映一个国家对教育重视程度的重要指标，而公共教育的提升可以显著提高人口素质，进一步影响国家的经济发展水平。哈萨克斯坦对教育投入的不足可能会导致长期经济发展的动力不足（图 2-11）。

2. 卫生事业发展

独立之初，哈萨克斯坦仍延续苏联时期的医疗卫生系统，特点为全面化、低水平、国家化，强调免费公费医疗制度。但由于独立后哈萨克斯坦经济陷入危机，财政困难，无法保持对医疗系统进行原规模拨款，导致国内医疗卫生形势迅速恶化，出生率大幅度降低、死亡率明显增高。鉴于国内医疗卫生形势如此不利，哈萨克斯坦从 1995 年开始进行以社会医疗保险为主体的改革。

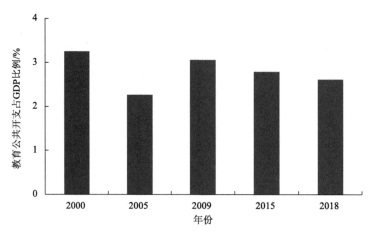

图 2-11　哈萨克斯坦教育公共开支占 GDP 比例

数据来源于世界银行（https://data.worldbank.org.cn/）。

　　哈萨克斯坦目前医疗卫生经费主要由两部分构成：政府预算拨款和个人支付，其中国家支付约占 57%。国内医疗机构划分为国有医疗机构和医疗企业，除设立许多大型综合医院和一般诊所外，还设有细分的专科医院可供哈萨克斯坦居民选择。

　　1991～2014 年，哈萨克斯坦每千人病床数持续减少，由刚独立时的每千人 13.71 张降至 2014 年的 6.06 张，床位数量缩水了超五成（图 2-12）。千人内科医生数、护士和助产士数变化趋势基本相同，均由 1991 年的最高点（3.94 人、10.97 人）降至 2000 年最低点后（3.28 人、6.17 人）后逐渐增长，2014 年时分别达到 3.98 人及 7.2 人。

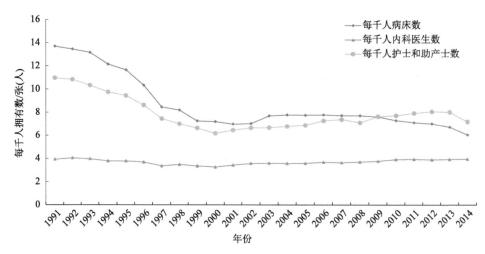

图 2-12　1991～2014 年每千人病床数、内科医生数以及护士和助产士数

数据来源于世界银行（https://data.worldbank.org.cn/）。

受 1991 年后医疗卫生形势恶化的影响，哈萨克斯坦预期寿命由 1991 年 67.98 岁降至 1996 年的最低点 64.11 岁，随后在一系列改革措施和良好的经济发展势头带动下，哈萨克斯坦国民预期寿命逐渐恢复至 2019 年的 73 岁，2020 年略有下降。哈萨克斯坦的粗死亡率也在 1995 年和 1996 年增至最高点，后基本保持下降趋势，粗出生率则在 1999 年降至最低后（14.54%）持续上升，2007 年后增长率均高于 20%，高于世界同期水平（图 2-13）。

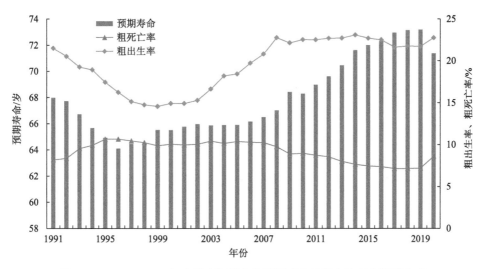

图 2-13　1991～2020 年哈萨克斯坦人均预期寿命及粗出生率和粗死亡率

数据来源于世界银行（https://data.worldbank.org.cn/）。

3. 经济产业发展

哈萨克斯坦地处中亚腹部，地理位置优越，自然资源种类丰富、储量惊人，在苏联时期经济发展主要依赖于重工业、能源开采相关产业以及农牧业，加工工业和轻工业相对而言发展较为落后。1991 年独立后，哈萨克斯坦的经济产业发展大致可分为三个阶段——衰退、复苏和繁荣。

独立初期，哈萨克斯坦仍沿袭苏联经济发展体制，虽然开始逐步推行市场经济及私有化改革，但仍以资源导向型国家为自身定位。1991～1999 年，哈萨克斯坦进入经济衰退期，单一的经济结构以及 1997 年爆发的亚洲金融危机导致经济出现明显波动，GDP（现价美元）由 1991 年的 249.23 亿美元下降至独立期间最低水平 168.71 亿美元，下降幅度高达 32.30%。

2000～2010 年，受全球油价攀升影响，哈萨克斯坦迎来了经济复苏期。2000～2010 年，哈萨克斯坦 GDP 年均增长率达到了 23.26%，于 2007 年突破千亿美元大关。虽然 2008 年全球金融危机对哈萨克斯坦经济发展造成一定影响，导致其经济发展放缓，但 2010 年时已恢复至金融危机前水平。

2011 年后，哈萨克斯坦经济发展进入繁荣期。2011～2013 年，国际石油均价超 100 美元/桶，这导致经济发展高度依赖石油出口的哈萨克斯坦 GDP（现价美元）一度飙升，

2013 年时达到历史最高水平 2366.35 亿美元。后因全球油价持续动荡，2015 年后哈萨克斯坦的 GDP（现价美元）均低于 2000 亿美元大关，GDP 增长率波动幅度巨大，2014～2016 年持续走低，达到最低值–25.55%，2017 年则达到最高值 21.5%，后保持正增长，2020 年受新型冠状病毒感染影响，哈萨克斯坦 GDP 增长率又降至负值，为–6.5%（图 2-14）。

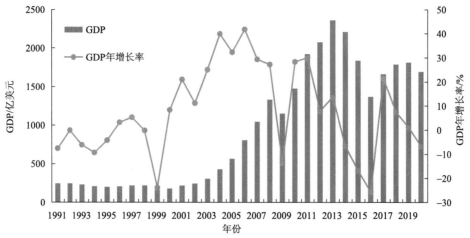

图 2-14　1991～2020 年哈萨克斯坦 GDP（亿美元）与 GDP 年增长率

数据来源于世界银行（https://data.worldbank.org.cn/）。

哈萨克斯坦为摆脱单一经济结构，寻找新的经济推进剂，政府颁布了一系列促进产业发展、调整产业结构的政策，目前初见成效。根据世界银行统计数据，哈萨克斯坦 2020 年 GDP 为 1698.35 亿美元（现价），人均 GDP 为 9121.64 美元（现价），其中，服务业所占比例超 50%。自 1992 年以来，哈萨克斯坦服务业增加值占 GDP 比例基本呈上升态势，由最初的 25.12% 增加至 2020 年的 56.10%，农林牧渔业增加值则呈相反态势，由 1992 年的 23.34% 降至 2020 年的 5.39%，降幅达到 77%，工业增加值占比在 28 年间持续在 25%～40% 间波动，2018～2020 年保持在 33% 上下。目前，哈萨克斯坦经济产业呈现出以第三产业发展形势最优，第二产业次之，第一产业亟待努力的态势（图 2-15）。

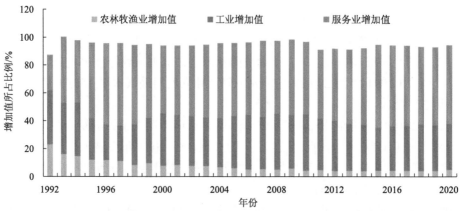

图 2-15　1992～2020 年哈萨克斯坦农林牧渔业、工业和服务业增加值占当年 GDP 比例

数据来源于世界银行（https://data.worldbank.org.cn/）。

4. 人类发展水平综合评价

人类发展指数是以教育水平、预期寿命和收入水平三项基础变量计算得出的综合性指数。根据课题组对丝绸之路共建国家和地区（杨艳昭等，2024）的人类发展水平测算，其人类发展指数均值为 0.64；哈萨克斯坦人类发展指数均值为 0.70，位列第 21 位，在丝绸之路共建 65 国中处于高水平。为进一步量化人类发展水平的区域差异，本节将区域内各栅格值进行标准化，使结果值映射到[0，1]之间。哈萨克斯坦归一化人类发展指数为 0.69，西北部地区人类发展水平较高，南部和东部地区人类发展指数较低（图 2-16）。

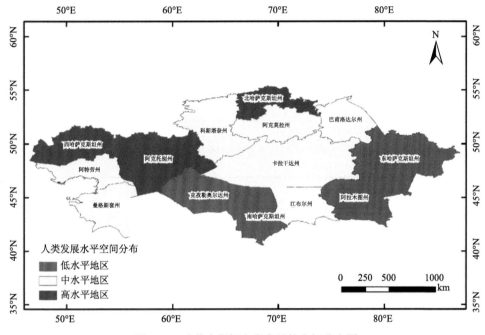

图 2-16　哈萨克斯坦人类发展的空间分布图

结果表明，哈萨克斯坦处于人类发展低水平区域的州有 4 个，分别为东哈萨克斯坦州、阿拉木图州、南哈萨克斯坦州、克孜勒奥尔达州，其归一化人类发展指数均值为 0.688；区域总面积为 85.08 万 km²，占全国面积的 31.22%；2020 年人口合计 919.98 万人，占全国总人口的 49.38%，人口密度为 10.81 人/km²。

处于人类发展中水平区域的州有 7 个，分别为巴甫洛达尔州、阿克莫拉州、科斯塔奈州、卡拉干达州、江布尔州、阿特劳州、曼格斯套州，其归一化人类发展指数均值为 0.690；区域总面积为 132.42 万 km²，占全国面积的 48.60%；2020 年人口数合计 734.47 万人，占全国总人口数的 39.42%，人口密度为 5.55 人/km²。

哈萨克斯坦有 3 个州处于人类发展高水平区域，分别是西哈萨克斯坦州、阿克托别州、北哈萨克斯坦州，其归一化发展指数均值为 0.691；区域总面积为 54.99 万 km²，占全国面积的 20.18%；2020 年人口数为 208.73 万人，占全国总人口的 11.20%，人口密度为 3.80 人/km²（表 2-5）。

表 2-5　哈萨克斯坦各州人类发展水平分类评价

分区	州	数量	土地		人口		
			面积 /万 km²	占比 /%	总量 /万人	占比 /%	密度 /（人/km²）
人类发展低水平区域	东哈萨克斯坦 阿拉木图 南哈萨克斯坦 克孜勒奥尔达	4	85.08	31.22	919.98	49.38	10.87
人类发展中水平区域	巴甫洛达尔 阿克莫拉 科斯塔奈 卡拉干达 江布尔 阿特劳 曼格斯套	7	132.42	48.60	734.47	39.42	5.55
人类发展高水平区域	西哈萨克斯坦 阿克托别 北哈萨克斯坦	3	54.99	20.18	208.73	11.20	3.80

2.2.2　交通通达水平评价

哈萨克斯坦地处中亚腹地，是连接欧亚大陆东部、西部、北部和南部重要的十字路口，境内多为平原和低地，地势呈东南高、西北低的特点。目前哈萨克斯坦的运输方式主要包括公路运输、航空运输、铁路运输和管道运输，其中公路运输占比最大，且呈现逐年递增的趋势。以 2018 年为例，旅客运输方面，公路运输占比为 73.22%，其次为航空运输，占比为 21.09%，铁路运输仅占 5.68%；货物运输方面，管道运输占比超 50%，其次依次为铁路运输、公路运输和航空运输，占比分别为 23.08%、20.72% 及 5.62%。

本节首先对哈萨克斯坦的交通便捷度和交通密度的分布进行分析，然后讨论哈萨克斯坦各州的交通通达度（transportation accessibility index，TAI）并进行分级评价。

1. 交通便捷度评价

交通便捷度是指各地到主要交通设施的综合便捷程度，可以用各地到道路、铁路、机场和港口的最短距离来衡量（Shi et al.，2019）。

综合来说，2020 年哈萨克斯坦平均归一化交通便捷指数为 0.79，其中巴甫洛达尔州归一化交通便捷指数最高，是全国平均水平的 1.06 倍，其道路、铁路和机场便捷度均处于较高水平。克孜勒奥尔达州归一化交通便捷指数最低，究其原因是该州基础设施老旧，道路及铁路近年来新增里程较少（图 2-17）。

研究哈萨克斯坦各项距离指数值时，可以发现，哈萨克斯坦全国平均归一化道路便捷指数为 0.93，其中，西哈萨克斯坦州的道路便捷度最高，为全国平均水平的 1.02 倍；哈萨克斯坦全国平均归一化铁路便捷指数为 0.87，而北哈萨克斯坦州的铁路便捷度最高，达到全国平均水平的 1.09 倍；哈萨克斯坦全国平均归一化航空便捷指数为 0.62，其中，东哈萨克斯坦州的航空便捷度最高，是全国平均水平的 1.19 倍；哈萨克斯坦全国平均归一化港口便捷指数为 0.004，其中，北哈萨克斯坦州港口便捷度最高，是全国平均水平的 4.18 倍（图 2-18）。

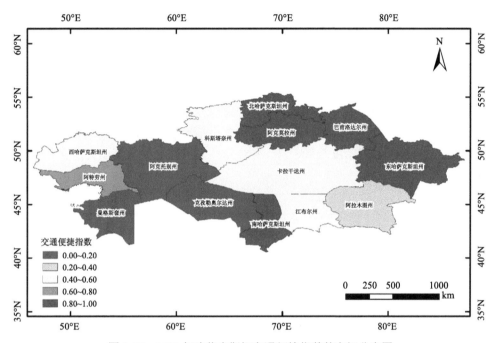

图 2-17　2020 年哈萨克斯坦交通便捷指数的空间分布图

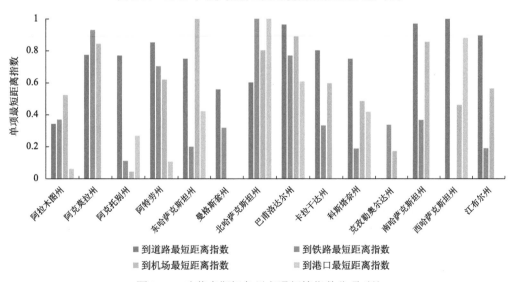

图 2-18　哈萨克斯坦各州交通便捷指数分项对比

就各州而言，北哈萨克斯坦州到港口（本节仅考虑了靠海港口）最短距离指数最高，阿克莫拉州、曼格斯套州、卡拉干达州、克孜勒奥尔达州、南哈萨克斯坦州及江布尔6个州距离港口最远。西哈萨克斯坦州得益于发达的道路网络，道路便捷度最高，克孜勒奥尔达州道路便捷度最低，其次为阿拉木图州。北哈萨克斯坦的铁路便捷度最高，其次为阿克莫拉州，西哈萨克斯坦铁路便捷度最低。东哈萨克斯坦距离机场最近，其次为巴甫洛达尔州，两州共有5个机场，占全国机场总数的1/5，曼格斯套州到机场距离最远。北哈萨克斯坦铁路、机场、港口便捷度指数均较高，巴甫达洛尔州道路、铁路和机场便捷度均处于较高水平。

2. 交通密度评价

交通密度是道路网、铁路网和水网密度的综合表征（Shi et al.，2019）。哈萨克斯坦平均归一化交通密度指数为0.06。其中，北部的巴甫洛达尔州归一化交通密度指数最高，是全国平均水平的1.25倍；而东南部的阿拉木图州归一化交通密度指数最低，究其原因，是由于该地区道路及铁路密度较低，且5年内道路及铁路公里数基本无变化，路政设施建设进度缓慢（图2-19）。

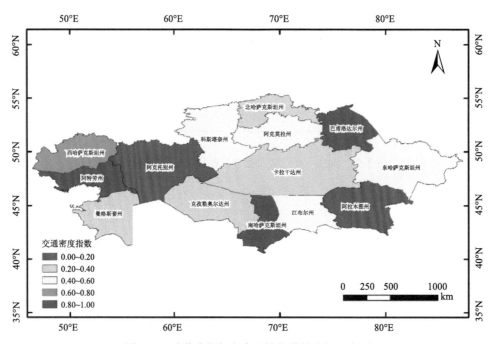

图2-19　哈萨克斯坦密度便捷指数的空间分布图

就各项密度指数而言（图2-20），南哈萨克斯坦州和西哈萨克斯坦州道路密度排名位居全国前列，阿克莫拉州和北哈萨克斯坦州铁路密度排名位居前列，克孜勒奥尔达州和巴甫洛达尔州水网密度排名位居前列。从数值上来看，哈萨克斯坦全国平均归一化道路密度指数为0.13，道路密度指数最高的南哈萨克斯坦州是全国平均道路密度的1.23倍；哈萨克斯坦全国平均归一化铁路密度指数为0.01，铁路密度指数最高的阿克莫拉州是其 2.08 倍；哈萨克斯坦全国平均归一化水网密度指数为 0.006，水网密度最高的克孜勒奥尔达州是全国平均水网密度的 3.04 倍。

就各州密度指数而言，西哈萨克斯坦州道路密度及水网密度较高；阿克莫拉州和北哈萨克斯坦州的铁路密度指数远高于另外两项指数；巴甫洛达尔州、西哈萨克斯坦州及克孜勒奥尔达州的水网密度较高，而阿拉木图州、阿克莫拉州、曼格斯套州、北哈萨克斯坦州、卡拉干达州及江布尔州水网密度最低。阿特劳州三项密度指数均处于中高水平，巴甫达洛尔州三项密度指数均处于较高水平。

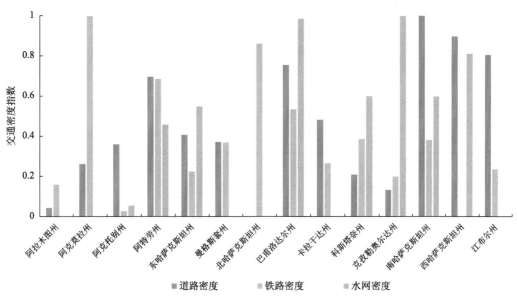

图 2-20　哈萨克斯坦各州交通密度指数分项对比

3. 交通通达水平综合评价

交通通达水平是反映区域交通设施的通达程度的综合表征，是交通便捷度和交通密度的数学叠加。丝绸之路共建国家和地区交通通达指数均值为 0.48，哈萨克斯坦交通通达指数为 0.43，属于中等略低水平。为了进一步量化哈萨克斯坦交通通达水平的区域差异，本节将区域内各栅格值进行标准化，使结果值映射到[0，1]，哈萨克斯坦归一化交通通达指数均值为 0.44，东北部整体交通通达水平较高，中东部地区整体交通通达水平中等，中西部及东南部地区整体交通通达水平较低，地区间交通通达水平差异较大，约有 3/7 地区属于交通通达高水平区域（图 2-21）。

分析发现，如表 2-6 所示，哈萨克斯坦处于交通通达低水平区域的州有 4 个，分别为阿克托别州、阿拉木图州、克孜勒奥尔达州和曼格斯套州，其归一化交通通达指数均值为 0.41，是全国交通通达水平指数的 0.93 倍。该区域面积为 91.65 万 km²，占全国总面积的 33.63%；2020 年人口总数为 635.65 万人，占全国总人口数的 34.12%，人口密度为 6.94 人/km²。

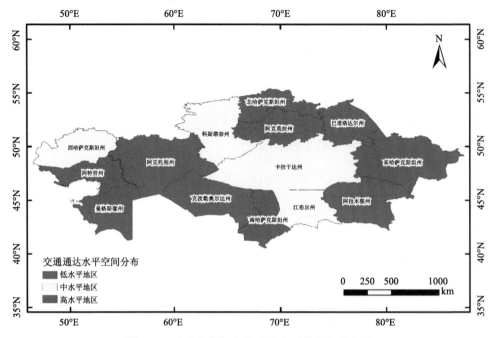

图 2-21　哈萨克斯坦交通通达水平的空间分布图

哈萨克斯坦处于交通通达中水平区域的州有 4 个，分别为江布尔州、卡拉干达州、科斯塔奈州及西哈萨克斯坦州，其归一化交通通达指数均值为 0.44，是全国交通通达水平指数的 1.00 倍。该区域面积为 91.96 万 km²，占全国总面积的 33.75%；2020 年人口数为 403.23 万人，占全国总人口数的 21.64%，人口密度为 4.38 人/km²。

哈萨克斯坦处于交通通达高水平区域的州有 6 个，分别为阿克莫拉州、阿特劳州、东哈萨克斯坦州、巴甫洛达尔州、南哈萨克斯坦州和北哈萨克斯坦州，其归一化交通通达指数均值为 0.46，是全国交通通达水平指数的 1.05 倍。该区域面积为 88.88 万 km²，占全国总面积的 32.62%；2020 年人口数为 824.30 万人，占全国总人口数的 44.24%，人口密度为 9.27 人/km²。

表 2-6　哈萨克斯坦交通通达分区分类评价

| 分区 | 州 | 数量 | 土地 | | 人口 | | |
			面积 /万 km²	占比 /%	总量 /万人	占比 /%	密度 / (人/km²)
交通通达低水平区域	阿克托别、阿拉木图、克孜勒奥尔达、曼格斯套	4	91.65	33.63	635.65	34.12	6.94
交通通达中水平区域	江布尔、卡拉干达、科斯塔奈、西哈萨克斯坦	4	91.96	33.75	403.23	21.64	4.38
交通通达高水平区域	阿特劳、北哈萨克斯坦、阿克莫拉、巴甫洛达尔、东哈萨克斯坦、南哈萨克斯坦	6	88.88	32.62	824.30	44.24	9.27

2.2.3　城市化水平评价

本节中城市化水平是用人口城市化率和土地城市化率来体现的，通过城市化指数（urbanization index，UI）来表达。本节首先分别定量研究了哈萨克斯坦的人口城市化和土地城市化的变化特征，最后根据归一化后的平均城市化指数，对哈萨克斯坦各州的城市化水平进行了分级评价。

1. 人口城市化及土地城市化评价

哈萨克斯坦人口城市化水平较高，但人口城市化增速较为缓慢。哈萨克斯坦城市人口数量由 1990 年的 919.84 万人增长至 2019 年的 1065.28 万人，2019 年的人口城市化率达到 57.54%，高于同期中亚地区其余四国，也高于全球人口城市化平均水平（55.72%）。但是，哈萨克斯坦人口城市化速度长期缓慢增长，城市人口增速仅为 0.13%，相较于 2000 年的 56.1%，2019 年人口城市化水平仅提升了 1.44%，长期停滞于不足 60% 的城市化水平。这主要与哈萨克斯坦从苏联解体后，俄罗斯族大量向国外迁移（俄罗斯族主要居住在城市地区）和经济长期发展缓慢有关，人口向城市迁移动力不足（图 2-22）。

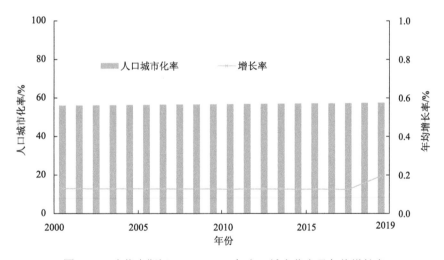

图 2-22　哈萨克斯坦 2000～2019 年人口城市化率及年均增长率

数据来源于世界银行（https://data.worldbank.org.cn/）。

2019 年，哈萨克斯坦平均归一化人口城市化率为 0.12，从各州实际情况来看，哈萨克斯坦北部整体人口城市化水平较高，东南部及西南部人口城市化水平低。其中，北哈萨克斯坦州人口城市化率最高，是全国平均人口城市化率的 2.06 倍，江布尔州的人口城市化率最低，仅为全国平均人口城市化率的 2/5（图 2-23）。

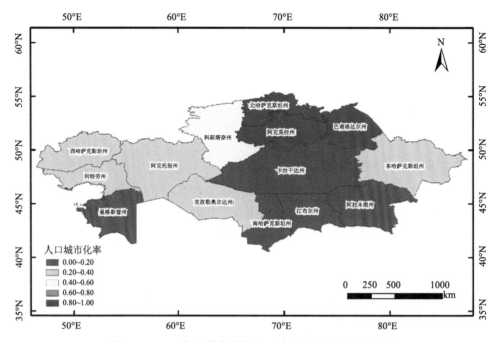

图 2-23　2019 年哈萨克斯坦人口城市化率的空间分布图

从土地城市化角度研究，目前哈萨克斯坦整体仍处于属于低土地城市化水平。2010～2018 年，哈萨克斯坦主要土地利用类型仍是农业，农业用地面积占比保持在 80% 左右。哈萨克斯坦归一化土地城市化率均值不足 0.01，其中，中部地区整体土地城市化水平较低，土地城市化率不足全国平均水平的 1/5，南部部分州土地城市化水平较高。从各州具体情况来看，南哈萨克斯坦州为土地城市化率最高的州，其归一化土地城市化率是全国平均水平的 2.53 倍，克孜勒奥尔达州土地城市化水平最低（图 2-24）。

2. 城市化水平综合评价

经课题组对丝绸之路共建国家和地区（杨艳昭等，2024）城市化指数的测算，其均值为 0.15，哈萨克斯坦的均值为 0.09，属于低水平区域。为了进一步量化哈萨克斯坦城市化水平的区域差异，本节将区域内各栅格值进行标准化，使结果值映射到[0,1]之间，哈萨克斯坦归一化城市化指数均值为 0.10；总体上看，各州城市化水平差异较大，约 1/2 地区属于城市化低水平区域，东北部地区城市化整体水平较高，西南部及中部各州城市化水平较低。

如图 2-25 所示，哈萨克斯坦处于城市化低水平分区的州有 8 个，分别为西哈萨克斯坦州、曼格斯套州、阿克托别州、克孜勒奥尔达州、南哈萨克斯坦州、卡拉干达州、阿拉木图州和江布尔州，其归一化城市化指数均值为 0.08，是全国平均水平的 0.8 倍，占地面积为 175.74 万 km²，占全国总面积的 64.49%；2020 年该区域人口总数为 1257.45 万人，占全国总人口的 67.49%，人口密度为 7.16 人/km²。

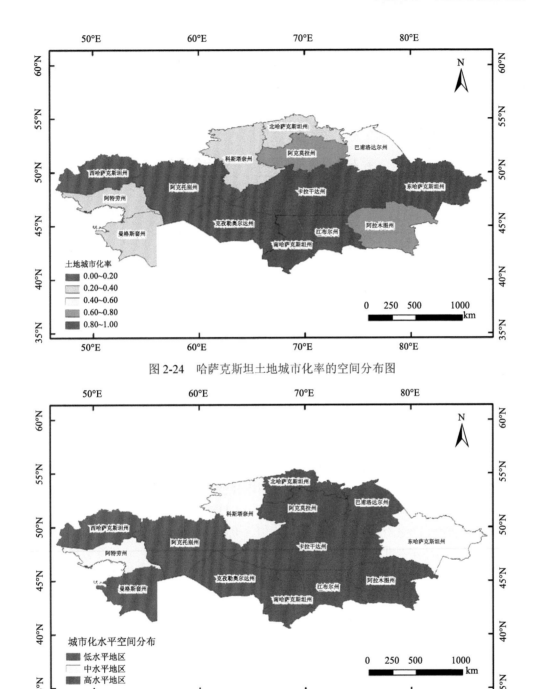

图 2-24　哈萨克斯坦土地城市化率的空间分布图

图 2-25　哈萨克斯坦城市化水平的空间分布图

　　哈萨克斯坦内处于城市化中水平区域内的州共有 3 个，分别为阿特劳州、科斯塔奈州和东哈萨克斯坦州，其归一化城市化指数均值为 0.12，是全国平均水平的 1.20 倍，占地 59.78 万 km²，占全国总面积的 21.94%；该分区内共有 288.34 万人，占全国总人口数的 15.48%，人口密度为 4.82 人/km²。

处于城市化高水平分区内的州共有 3 个，分别为北哈萨克斯坦州、阿克莫拉州和巴甫洛达尔州，其归一化城市化指数均值为 0.20，是全国平均水平的 2 倍，该区域土地面积为 36.97 万 km²，占全国总面积的 13.57%；2020 年区域内人口总数为 317.39 万人，占全国总人口数的 17.03%，人口密度为 8.59 人/km²（表 2-7）。

表 2-7　哈萨克斯坦城市化水平分类评价

分区	州	数量	土地		人口		
			面积/万 km²	占比/%	总量/万人	占比/%	密度/（人/km²）
城市化低水平区域	西哈萨克斯坦、曼格斯套、阿克托别、克孜勒奥尔达、南哈萨克斯坦、卡拉干达、阿拉木图、江布尔	8	175.74	64.49	1257.45	67.49	7.16
城市化中水平区域	阿特劳、科斯塔奈、东哈萨克斯坦	3	59.78	21.94	288.34	15.48	4.82
城市化高水平区域	北哈萨克斯坦、阿克莫拉、巴甫洛达尔	3	36.97	13.57	317.39	17.03	8.59

2.2.4　社会经济发展水平综合评价

丝绸之路共建国家和地区社会经济发展指数均值为 0.08，哈萨克斯坦的均值为 0.04，属于中低水平区域。为了进一步量化哈萨克斯坦社会经济发展水平的区域差异，本节将区域内各栅格值进行标准化，使结果值映射到[0，1]之间。

哈萨克斯坦归一化社会经济发展指数均值为 0.06，社会经济发展水平不均。其中阿克莫拉、巴甫洛达尔及北哈萨克斯坦三州社会经济发展水平较高，北部社会经济总体水平高于南部地区。根据归一化的社会经济发展指数数值特征，采用聚类分析法，并结合专家意见，将哈萨克斯坦的 14 个州按其社会经济发展水平，分为低水平、中水平和高水平三类地区，并基于前文结论，进一步分析了各州社会经济发展的限制性因素（图 2-26 和表 2-8）。

1. 社会经济发展低水平区域

处于社会经济发展低水平地区的州共有 8 个，占地共计 175.74 万 km²，占全国总面积的 64.49%；2020 年人口总计 1257.45 万人，占全国总人口数的 67.49%，人口密度为 7.16 人/km²。此区域共分为四种类型，分别为 U 限制型、H&U 限制型、T&U 限制型以及 H&T&U 限制型。

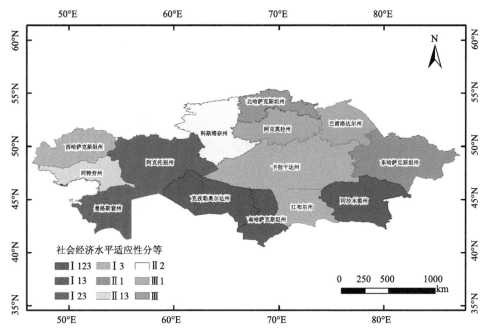

图 2-26 哈萨克斯坦社会经济发展适应性分等空间分布图

表 2-8 哈萨克斯坦各州社会经济发展水平分类评价

分类		州	HDI	TAI	UI	SDI	数量	土地		人口		
								面积/万 km²	占比/%	总量/万人	占比/%	密度/（人/km²）
社会经济发展低水平区域（I）	U 限制型（I3）	卡拉干达、江布尔、西哈萨克斯坦	0.690	0.438	0.068	0.981	3	72.36	26.56	316.38	16.98	4.37
	H&U 限制型（I13）	南哈萨克斯坦	0.687	0.459	0.076	0.985	1	11.73	4.30	305.42	16.39	26.04
	T&U 限制型（I23）	曼格斯套、阿克托别	0.690	0.411	0.086	0.988	2	46.62	17.11	158.05	8.48	3.39
	H&T&U 限制型（I123）	阿拉木图、克孜勒奥尔达	0.687	0.415	0.079	0.985	2	45.03	16.53	477.60	25.63	10.61
	小计		0.689	0.426	0.076	0.984	8	175.74	64.49	1257.45	67.49	7.16
社会经济发展中水平区域（II）	H 限制型（II1）	东哈萨克斯坦	0.688	0.451	0.110	1.004	1	28.32	10.39	136.96	7.35	4.84
	T 限制型（II2）	科斯塔奈	0.690	0.432	0.142	1.020	1	19.60	7.19	86.85	4.66	4.43
	H&U 限制型（II13）	阿特劳	0.690	0.453	0.106	1.003	1	11.86	4.35	64.53	3.46	5.44
	小计		0.689	0.445	0.121	1.010	3	59.78	21.94	288.34	15.48	4.82
社会经济发展高水平区域（III）	H 限制型（III1）	阿克莫拉、巴甫洛达尔	0.690	0.463	0.194	1.051	2	27.17	9.97	262.51	14.09	9.66
	无限制型（III）	北哈萨克斯坦	0.691	0.452	0.216	1.057	1	9.80	3.60	54.88	2.95	5.60
	小计		0.690	0.460	0.200	1.053	3	36.97	13.57	317.39	17.03	8.59

注：H 为人类发展水平，T 为交通通达水平，U 为城市化水平。

1）U 限制型（I 3）

卡拉干达州、江布尔州与西哈萨克斯坦州的社会经济发展水平目前受城市化发展（I 3）限制最为明显，均属于城市化低水平区域。三州占地面积合计 72.36 万 km^2，占比超四分之一；人口合计超 300 万人，人口密度为 4.37 人/km^2。

江布尔州位于哈萨克斯坦南部，主要以草原为主，是全国城市化率最低的州，其归一化城市化指数仅为 0.05，约为全国城市化指数的一半。究其原因是江布尔州是哈萨克斯坦主要的农业地区之一，大多数居民从事农业相关产业，虽然目前江布尔州的经济结构正在调整，零售业和工业的产值已在缓慢增加中，但根据哈萨克斯坦 2019 年地区统计年鉴，江布尔州农业 GDP 达到了 3267 亿坚戈①，仍接近当年该州总 GDP 的五分之一，其中，灌溉种植业、草场畜牧业较为发达，主要作物有小麦、甜菜、饲料，除此之外，江布尔州还是哈萨克斯坦的主要瓜果产地。因此，江布尔州人口城市化率和土地城市化率均在国内处于低水平，城市化水平较低成为限制其发展的主要因素。

卡拉干达州与西哈萨克斯坦州均处于草原带和半荒漠带，人口城市化率及土地城市化率在国内均处于低水平。其中，卡拉干达州虽然城市人口数较多，但土地城市化水平较低。卡拉干达州境内整体遍布起伏的丘陵，大部分土地为农业用地，有 3 个国有农场，5005 个个体农庄，其农产品的产量占全国总量的 4.7%，全州共有 1160 万 hm^2 农业用地，其中有耕地 100 万 hm^2。西哈萨克斯坦州的人口城市化率近年来处于上升态势，但是农村人口占比仍超过 50%。州内共有 12 个农业区，耕地绝大部分用来种植粮食作物，城市建设用地面积较低，土地城市化率不足 0.01。

2）H&U 限制型（I 13）

南哈萨克斯坦州受人类发展水平及城市化水平限制（I 13）较为明显，该州合计土地面积为 11.73 万 km^2，占比 4.30%，人口数合计为 305.42 万人，占全国总人数的 16.39%，人口密度为 26.04 人/km^2。

结合实际情况具体分析发现，在人类发展水平和城市化水平方面，南哈萨克斯坦州均处于低水平。南哈萨克斯坦州人均寿命低于哈萨克斯坦均值，仅为 72.73 岁，且经济发展水平较为落后，2019 年人均 GDP 位居全国倒数第二。城市化进程方面，虽然南萨克斯坦州的土地城市化水平属于全国较高水平，但人口城市化水平低。因地势平缓，气候适宜，南哈萨克斯坦州是全国重要的农业产区，大部分土地为农业用地，是哈萨克斯坦棉花、蔬菜、水果等重要产区，葡萄产量占全国的 40%，畜牧业以饲养细毛羊、卡拉库尔羊为主，占全国 10% 以上，以 2019 年为例，南哈萨克斯坦州农业 GDP 产值达到了 6128.87 亿坚戈，接近当年该州 GDP 的一半。

3）T&U 限制型（I 23）

曼格斯套及阿克托别两州主要受限于交通通达度及城市化水平(I 23)，两州占地面积约合 46.62 万 km^2，占全国总面积的 17.11%，2020 年人口数合计约为 158.05 万人，占

---

① 哈萨克斯坦坚戈（ISO 4217 代码：KZT），是哈萨克斯坦货币，1993 年 11 月开始使用，取代原来的俄罗斯卢布。

总人口数的 8.48%，人口密度为 3.39 人/km^2。交通通达水平方面，曼格斯套及阿克托别两州的交通便捷度及交通密度均处于全国的中低水平。在交通便捷方面，阿克托别州距离铁路及机场较远，而曼格斯套州除道路和铁路外，到机场及港口的最短距离为哈萨克斯坦境内最远的州。交通密度方面，两州的公路及铁路密度近年来虽有增长，但是在国内均处于中低水平，具体而言，阿克托别州仅道路密度处于全国中等水平，铁路及水网密度则较低；曼格斯套州公路和铁路密度与全国平均水平持平，但其是全国水网密度最低的地区之一。城市化方面，曼格斯套州农业用地 1271.6 万 hm^2，占全州土地面积的 76.79%，且几乎全是草场，因此畜牧业成为该州农业的支柱产业，土地城市化水平较低。阿克托别州人口密度较低，仅为 2.93 人/km^2，约有半数人口居住在农村，1/3 的人口居住在州最大的城市——阿克托别市。该州近年来城市建设面积虽有所增加，但总体来说土地城市化率仍略低，不足 0.1。

4）H&T&U 限制型（I 123）

阿拉木图及克孜勒奥尔达两州社会经济发展水平整体处于全国最低水平(I 123)，两州的人类发展水平、交通通达水平及城市化发展水平均处于最低层级，两州土地占地面积合计约 45.03 万 km^2，占比为 16.53%，总人口为 477.60 万人，人口密度达到 10.61 人/km^2。

两州为全哈萨克斯坦社会经济发展综合水平最低的地区，在人类发展水平、交通通达度、城市化三方面均表现欠佳。人类发展水平方面，两州在经济发展水平、医疗投入水平及教育投入均处于全国中下等水平，以 2019 年为例，两州 GDP 总量合计约占全国 GDP 的 7.30%，主要以农业与制造业为支柱产业；每万人医生数分别为 24.5 人和 34.1 人，低于全国平均水平的 39.7 人；两州高等教育学府合计 6 所，仅占全国的 4.8%，接受高等教育的学生数也不足 3 万人。交通通达水平方面，阿拉木图的交通便捷度处于中等水平，克孜勒奥尔达则均低于全国平均水平；密度方面，阿拉木图属于全国水网密度最低的地区之一，公路及铁路密度低于全国平均水平且设备较为老旧，克孜勒奥尔达水网密度较高，但另外两项密度则一般，略低于全国平均水平。综合来说，两州的交通通达均处于低水平。城市化进程方面，两州的人口城市化率均较低，阿拉木图州城市人口仅占约 30%，而克孜勒奥尔达州的人口较少，多居住于农村，人口密度仅为 3.56 人/km^2。土地利用方面，两州土地仍以农业用地为主。阿拉木图是哈萨克斯坦主要农业州之一，灌溉农业较发达，农作物有粮食作物(主要为小麦)、甜菜、蔬菜、土豆、瓜果及饲料，畜牧业以养羊业为主；克孜勒奥尔达州除石油工业外，畜牧业、以鱼为原料的食品加工业及谷物种植较为发达，主要农产品为水稻、瓜类和葡萄，2020 年该州水稻产量创下新高，水稻平均每公顷产量增至 61.8 公担（即 6.18t）。

2. 社会经济发展中水平区域

处于社会经济发展中水平地区的州共有 3 个，分别为受人类发展水平严重限制(II 1)的东哈萨克斯坦州、受交通通达水平发展一般限制（II 2）的科斯塔奈州以及较受人类发展水平和城市化水平影响（II 13）的阿特劳州。三州土地面积合计 59.78 万 km^2，约占全国的 21.94%；人口数合计 288.34 万人，约占全国总人数的 1/6，人口密度为 4.82 人/km^2。

1）H 限制型（II 1）

就具体情况而言，相较于交通通达水平及城市化水平，东哈萨克斯坦州社会经济发展主要受人类发展低水平限制 (II 1)，归一化人类发展指数为 0.688，属于哈萨克斯坦国内人类发展低水平地区。该州占地面积为 28.32 万 km^2，占比为 10.39%，人口数为 136.96 万人，占全国人口总数的 7.35%，人口密度为 4.84 人/km^2。分析发现该州主要受医疗及经济限制。2019 年东哈萨克斯坦拥有医院 62 所，全科医生数 5848 人，州人居寿命为 72.97 岁，各项数据均略低于全国均值。经济发展方面，东哈萨克斯坦州 2019 年人均 GDP 为 21352 美元，全州可分为三大经济区，即西北部的矿区、工业区，中部的农业区。工业门类齐全，总体产值处于全国中等水平。教育方面，东哈萨克斯坦拥有学前教育机构 786 所，全日制学校 637 所，高等学校 7 所，各类教育机构数量均位于各州排名前列。医疗卫生是限制科斯塔奈州人类发展的主要原因，2019 年，科斯塔奈州的平均寿命为 72.42 岁，低于全国平均的 73 岁，州内拥有 39 家医院，可提供门诊服务的医疗诊所为 142 家，约占全国的 4.4%，全科医生共有 2455 人，约占全国的 3.3%，医疗卫生方面各项数据均处于全国的中低水平。

2）T 限制型（II 2）

科斯塔奈州占地 19.60 万 km^2，占比约为 7.19%，人口数为 86.85 万人，占全国人口的 4.66%，人口密度为 4.43 人/km^2，相较于高于全国平均水平的人类发展水平及城市化水平，科斯塔奈州受交通通达水平限制较为严重，其归一化交通通达指数为 0.432，略低于全国平均水平。

3）H&U 限制型（II 13）

阿特劳州受人类发展水平和城市化水平影响(II 3)，处于哈萨克斯坦社会经济发展中水平地区。其归一化后的人类发展指数和城市化指数分别为 0.690、0.106，均不低于全国均值，但交通通达水平处于全国高水平地区，人类发展水平和城市化水平较为影响该州的社会经济发展。阿特劳州占地 11.86 万 km^2，占比为 4.35%，人口数为 64.53 万人，占全国人口的 3.46%，人口密度为 5.44 人/km^2。人类发展水平方面，医疗卫生水平和教育主要影响阿特劳州人类发展水平。阿特劳州是哈萨克斯坦社会经济发展较为发达的地区，2019 年该州的 GDP 已达到 93273 亿坚戈，位居全国第二名，但人口数量较少且出生率一般， 2019 年时仅有 28 家医院，约合全国的 3.73%，供病患进行疗养的医疗场所数量在全国也属于较少的州，仅有 107 家，是全国医疗场所最多的阿拉木图市的四分之一，医生数量及病床数量在全国也属于最低水平，2019 年仅拥有 1855 名医生，约占全国的 2.5%，又因石油产区居民就医需求较其他州来说更多，因此阿特劳州提供的医疗卫生服务不能满足当地居民的日常需求，极大地影响了其人类发展水平。教育方面，阿特劳州拥有的各级学校数量均远低于全国平均水平，占比均不足 4%，学生能够拥有的平均教育资源不足。以各级学校中占比最大的学前班为例，2019 年全哈萨克斯坦共拥有学前班合计 10583 所，阿特劳州仅有 330 所，占比约为 3.12%，却需要为 35950 名学生提供教育，与其学生数相近的阿克莫拉州则拥有 609 所学前班，数量几乎是阿特劳州的两倍。城市化方面，阿特劳州超半数人口为农业人口，是哈萨克斯坦重要的石油产区，已允许建设的居住面积 93.4 万 m^2，约占全国的 7.11%，其中大多为石油开采相关设施，居民居住用地面积较少，因此人口及土地城市化率均处于较低水平。

3. 社会经济发展高水平区域

处于社会经济发展高水平区域的共有 3 个州，分别为阿克莫拉州、巴甫洛达尔州以及北哈萨克斯坦州。三州土地面积共计 36.97 万 km^2，占全国总面积的 13.57%；人口总数为 317.39 万人，占比 17.03%，人口密度为 8.59 人/km^2。北哈萨克斯坦州不受人类发展水平、交通通达水平及城市化水平的限制，另外两个州则主要受人类发展水平的限制（III 1）。

1）H 限制型（III 1）

阿克莫拉州占地 14.69 万 km^2，占全国土地面积的 5.39%，人口数为 187.29 万人，占总人口数的 10.05%，其中绝大多数居民生活在农村，人口密度为 12.75 人/km^2。阿克莫拉州交通通达度与城市化均属于高水平地区，只有人类发展水平在全国处于中等水平。结合实际情况分析发现，阿克莫拉州人类发展水平中等主要是由于卫生医疗体系限制。根据哈萨克斯坦统计年鉴，2019 年阿克莫拉州人均寿命为 71.43 岁，低于全国平均水平的 73 岁，州内共有 27 家医院，数量仅占全国的 3.6%，拥有 1834 名全科医生，人数仅占全国的 2.48%，平均每万人拥有医生数仅为 24.9 人，远低于全国平均的 39.7 人，各项数据都显示阿克莫拉的医疗条件无法达到全国平均水平。除此之外，阿克莫拉州的人均 GDP 也较低，为 19145 美元，是全国平均水平的 0.73 倍。

巴甫洛达尔州占地 12.48 万 km^2，占全国土地面积的 4.58%，人口数为 75.22 万人，占总人口数的 4.04%，人口密度为 6.03 人/km^2。巴甫洛达尔州人类发展水平处于中等阶段，人均 GDP 为 29390 美元，略高于全国平均水平，以工业为主要产业，经济较为发达。巴甫洛达尔州矿产资源丰富，储量较多的矿产有煤、有色金属及稀有金属、盐、建筑用的材料，为该州发展冶金工业、煤炭工业提供了良好的原料条件。石油加工业和机械制造业也较发达，在此基础上形成了巴甫洛达尔—埃基巴斯图兹区域生产综合体。该州还是哈萨克斯坦产粮州之一。医疗方面，2020 年巴甫洛达尔州共有 35 家医院，占全国的 4.67%，全科医生 2884 名，占比 3.89%，万人拥有医生数为 38.3 人，略低于全国平均水平。教育方面，巴甫洛达尔州拥有学前教育 394 所，数量位居十四个州的倒数第三名，全日制学校数量为 368 所，占比约 1/20，高等学府 4 所，接受高等教育的学生 16689 名。由以上数据可知，巴甫洛达尔州的医疗及教育投入低于全国平均水平，即使经济较为发达，人类发展水平仍处于中等水平。

2）无限制型（III）

北哈萨克斯坦州占地 9.80 万 km^2，占全国土地面积的 3.60%，人口数为 54.88 万人，占总人口数的 2.95%，人口密度为 5.60 人/km^2。综合来看，北哈萨克斯坦州地势较为平坦且境内拥有多条河流，十分适宜农业的发展，虽然经济较不发达，但地区内人数较少，人均医疗及教育资源基本能满足当地居民的需求。交通方面，虽然交通密度指数较低，但中亚班列、西伯利亚大铁路等重要线路以及部分国内铁路线路均穿越北哈萨克斯坦州，州内机场也可起落国际航班，达到机场和铁路的距离较近，交通便捷度较高，因此交通通达水平较高。城市化方面，虽然目前土地城市化率在全国范围内属于中等偏低水平，城市人口约占全州总人口数的四成左右，但随着首都由南部的阿拉木图市迁往中北部的努尔苏丹市，部分城市人口也逐渐流入距离其较近的北哈萨克斯坦州，土地也将得到进一步开发，人口城市化率及土地城市化率将得到一定的提高。

2.3　问题与对策

2.3.1　关键问题

哈萨克斯坦自 1991 年独立以来，始终关注医疗、教育、经济发展等领域，并取得了一些进展，除此之外，凭借自身优越地理位置及资源禀赋丰富的优势，哈萨克斯坦逐渐调整、找准定位，在国际社会中站稳脚跟，但目前仍有以下问题亟待解决：

第一，人类发展水平是目前限制哈萨克斯坦整体社会经济发展最主要的因素之一。虽然在作为苏联加盟国的时期打下了良好基础，使得哈萨克斯坦的基础教育普及工作及医疗保障系统有着广泛而良好的基础，但受经济发展水平制约，始终存在资金投入不足的问题。受教育资金投入不足的影响，哈萨克斯坦出现教师的工资薪酬低、发放不及时、校舍数量不足等一系列问题。工资问题及社会地位的下降（较苏联时期而言）直接导致教师作为一个职业的吸引力不足，人才逐渐外流或转行，再加上教师的教育背景良莠不齐、私立学校办学时间短等因素直接导致教师队伍质量下降和教育水平的整体下降。医疗卫生方面，哈萨克斯坦整体医疗制度改革方向由"国家化"转为"私有化"，由过去的"免费医疗"改为国家和个人共同承担，虽然政府已经提出了具体改进方针和措施，并计划加大医疗卫生方面的投入，但当前的医疗体系对于本就较不发达的该国医药产业以及国民来说是一大负担。目前哈萨克斯坦的医药大量依靠进口，且多为常见药，无法保证药物及时供应及罕见病及时救治，每千人病床数及护士和助产士数仍处于逐年减少的趋势。

第二，交通基础设施方面，哈萨克斯坦铁路和公路的整体情况令人担忧，已严重影响交通通达水平。铁路作为哈萨克斯坦最重要的运输手段，大部分基础设施使用时长已超过 25 年，安全隐患较大且影响运输效率，铁路里程数近 10 年内基本无变化。公路方面，因维护资金拨付不及时、数额不足等原因，哈萨克斯坦的国家级公路以及国际级公路状况也令人担忧。截至 2013 年，近一半的国家级以及国际级公路（9087km）路面损坏；具有危险缺陷的路面占比 11.9%（2504km），公路路面凹坑面积达 82.49 万 m²；里程数高达 6500km 的公路标志不清楚，日常保养的经费也经常不能按时、准确拨付，2009年才铺设国内第一条高等级公路。

第三，目前哈萨克斯坦整体城市化进程较慢。受地理位置及气候影响，哈萨克斯坦近半数土地不适宜人类居住，地广人稀，且目前哈萨克斯坦的土地利用类型还是以农业和畜牧业为主，土地城市化率较低。又因本身城市人口较少，社会经济发展两极化较为严重，大多数人口集中在三个直辖市及经济发展较好的地区，人口城市化率整体较低，空间分布上差异较大。

2.3.2　对策建议

进入新世纪以来，哈萨克斯坦人口总数持续增长但增速不断下降；通过经济结构调整和转型，经济发展取得了一定成效，但仍有较大的发展空间。结合哈萨克斯坦的人口社会经济发展现状，提出以下建议：

第一，继续推行鼓励人口增长的政策和措施，加大教育和医疗卫生相关产业投资，改善相关基础设施，建立完整的医疗卫生保障体系，实现人口高质量增长。目前，哈萨克斯坦长期坚持的鼓励人口增长、注重教育发展等政策已取得了明显成效，未来将继续把人才培养和优化产业结构摆在经济、社会发展的重要位置，同时增强国家的科技实力和科学技术向现实生产力转化的能力，提高科技对经济的贡献率，将经济建设重心从能源、矿产出口行业转移到依靠科技进步和技术转型的轨道上来，增加产品附加值。

第二，积极参加绿色丝绸之路建设，引进中国资本和技术进行产业升级，通过合作与交流等方式推动本国优势行业进一步产业转型和升级，培养拉动本国经济发展的新黑马。提高经济发展的质量和综合效率，积极发挥不同运输方式的比较优势，保障交通运输业有序、平稳发展，更好地服务本国经济发展的同时巩固好欧亚"交通枢纽"的宝贵位置。为吸引更多企业入驻、提高市场的运行效率，应尽快建设、完善交通运输网络，着重发展水、电和通信等基础设施建设和更新迭代，从而增加货物和服务的流动性，促进企业扩大生产，增加赢利能力。

第三，依靠自身地理位置及自然资源、人文资源的独特优势，加强国际合作，加快促进旅游业、特色商业等第三产业的发展。旅游业作为朝阳产业，不仅在拉动内需、推进产业结构调整、促进贫困地区发展、提高人民生活质量等方面做出了巨大贡献，在扩大社会就业、缓解就业压力方面也发挥了突出作用。哈萨克斯坦政府也发现了旅游业的巨大优势和光明前景。2000 年，哈萨克斯坦政府已经通过了"关于形成共和国旅游威望的决定"，为促进旅游事业进一步发展颁布了多项有力保障措施，计划将旅游业作为哈萨克斯坦国民经济新的增长点。但因宣传不足、旅游机构不健全、旅游基础设施不完备、景点开发不完全等原因，哈萨克斯坦作为目的地在国际上仍缺乏知名度。哈萨克斯坦应与国际旅游组织机构、外国旅游公司积极合作，研究如何开发旅游资源，并制定相关的服务标准，完善旅游法律基础，加速相关方面的人才培养，以期待在世界旅游市场上站稳脚跟、稳定发展。

2.4　本　章　小　结

　　哈萨克斯坦地广人稀，人口稳定增长，人口素质较高；能源禀赋丰富，石油、煤炭等资源出口量较大，工业基础良好，第三产业正处于蓬勃发展时期。从社会经济发展角度来说，哈萨克斯坦人类发展水平较高，城市化进程较慢，交通通达度一般，基础设施老旧，社会经济发展水平存在严重的两极化趋势，整体呈现北高南低的态势，阿克莫拉州、巴甫洛达尔州及北哈萨克斯坦州社会经济发展水平略高于其他地区。

　　因此，有必要坚持继续开展人口增长政策，促进人口数量稳步增长；应加快完善医疗卫生体系的步伐，同时要加强基础教育和职业教育，努力提高劳动力素质，为产业升级提供坚实的保障；要从交通设施、教育资源及产业化布局方面，利用本国地理位置优势促进相关行业发展，缩小区域差异，实现均衡发展，带动更多国民就业。除此之外，建议继续积极对接中国绿色丝绸之路倡议，进一步借助自身地理、文化等方面的优势，有计划地发展本国经济，促进科学技术的研究、转化，提高产品附加值，从而提升哈萨克斯坦综合经济社会水平。

参 考 文 献

封志明, 游珍, 杨艳昭, 等. 2021. 基于三维四面体模型的西藏资源环境承载力综合评价. 地理学报, 2021, 76(3): 645-662.

杨艳昭, 封志明, 张超, 等. 2024. 绿色丝绸之路: 土地资源承载力评价. 北京: 科学出版社.

Shi H, Zhen Y, Feng Z M, et al.2019. Numerical Simulation and Spatial Distribution of Transportation Accessibility in the Regions Involved in the Belt and Road Initiative. Sustainability, 11(22): 1-14.

第 3 章 人居环境适宜性与分区评价

哈萨克斯坦人居环境适宜性与分区评价，是在基于地形起伏度的地形适宜性评价、基于温湿指数的气候适宜性评价、基于水文指数的水文适宜性评价、基于地被指数的地被适宜性评价四个单要素自然适宜性评价的基础上，利用地形起伏度、温湿指数、水文指数、地被指数加权构建人居环境指数，同时根据地形适宜性、气候适宜性、水文适宜性与地被适宜性四个单要素自然适宜性分区评价结果进行因子组合，基于人居环境指数与因子组合相结合的方法完成哈萨克斯坦人居环境适宜性评价。人居环境适宜性评价是开展区域资源环境承载力评价的基础，旨在摸清区域资源环境的承载"底线"。本章统计分析均以州为单位，直辖市数据已合并至邻近州，涉及人口数据均基于 2015 年哈萨克斯坦人口栅格数据计算获得。

3.1 地形起伏度与地形适宜性

地形适宜性评价（suitability assessment of topography，SAT）是人居环境自然适宜性评价的基础与核心内容之一，其着重探讨一个区域地形地貌特征对该区域人类生活、生产与发展的影响与制约。地形起伏度（relief degree of land surface，RDLS），又称地表起伏度，是区域海拔高度和地表切割程度的综合表征。地形起伏度是影响区域人口分布的重要因素之一，本节将其纳入哈萨克斯坦人居环境地形适宜性评价体系。在系统梳理国内外地形起伏度研究的基础上，本节采用全球数字高程模型数据（ASTER GDEM，http://reverb. echo.nasa.gov/reverb/）构建人居环境地形适宜性评价模型，利用 ArcGIS 空间分析等方法，提取哈萨克斯坦 1km×1km 栅格大小的地形起伏度，并从海拔等方面开展哈萨克斯坦人居环境地形适宜性评价。具体方法流程可参考《绿色丝绸之路：人居环境适宜性评价》（封志明等，2022）。

3.1.1 地形起伏度

地形起伏度（RDLS）试图定量刻画区域地形地貌特征，可以通过海拔高度和平地比例等基础地理数据来定量表达。研究获取了哈萨克斯坦的平均海拔及其空间分布状况，为地形起伏度分析研究提供了基础。在哈萨克斯坦 GDEM 数据基础上，根据其 1km GDEM 地形分布，基于海拔与平地等数据，采用窗口分析法与条件（con）函数等空间分析方法，对哈萨克斯坦的地形起伏度进行提取分析。

基于地形起伏度统计分析（图3-1），哈萨克斯坦地形起伏度以低值为主，地形起伏度介于0～10.44，平均地形起伏度仅为0.38，表明哈萨克斯坦整体地势较平坦。哈萨克斯坦地形起伏度集中于0～1.0，相应土地面积占到95.17%，人口占比达93.81%，成片分布在西南部里海沿岸低地、图兰平原以及中部哈萨克丘陵。受阿尔泰山、天山等山系影响，该国东南部地形起伏度相对较高，介于1.0～5.0（占4.73%），人口占比约6.12%；当地形起伏度超过5.0后，相应土地面积仅占哈萨克斯坦国土面积的0.1%，主要分布在天山山脉。

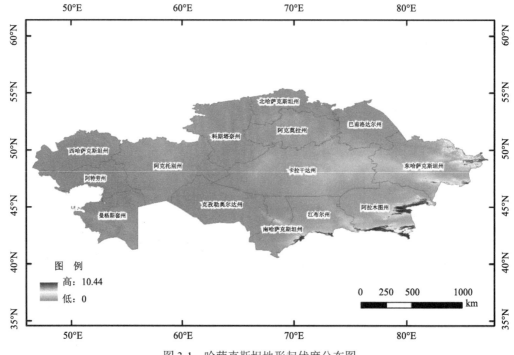

图3-1　哈萨克斯坦地形起伏度分布图

从各州来看，除阿拉木图州平均地势起伏度最高（1.08）外，其余各州平均地势起伏度均小于1.0，位于里海沿岸低地的阿特劳州最低。哈萨克斯坦南部阿拉木图、南哈萨克斯坦、江布尔和东哈萨克斯坦4个州的地形起伏度变化幅度较大，其中以阿拉木图州最大（介于0.32～10.44），其余3个州变化范围依次为6.25、5.82、5.39；曼格斯套、阿克托别、北哈萨克斯坦、科斯塔奈、西哈萨克斯坦以及阿特劳6个州地形起伏度差小于1.0，阿特劳州地形起伏度差仅为0.26。

3.1.2　地形适宜性评价

根据哈萨克斯坦地形起伏度的空间分布特征，完成基于地形起伏度的人居环境地形适宜性评价（图3-2和表3-1）。结果表明，哈萨克斯坦地形条件优越，地形比较适宜及以上地区占地近95%，对应人口占比94.08%；其中地形比较适宜区范围超50%，主要分布在哈萨克丘陵地区以及西北部；高度适宜区主要包括西部里海沿岸低地、中部图兰平原以及北部额尔齐斯河流域。东南部阿尔泰山、天山等地地形适宜类型从一般适宜地区向不适宜地区变化。

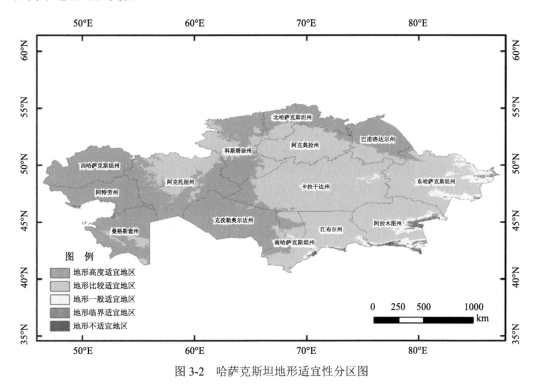

图 3-2 哈萨克斯坦地形适宜性分区图

表 3-1 基于地形起伏度的哈萨克斯坦地形适宜性评价结果（面积占比） （单位：%）

州	地形不适宜地区	地形临界适宜地区	地形一般适宜地区	地形比较适宜地区	地形高度适宜地区
阿克莫拉	0.00	0.00	0.01	94.34	5.65
江布尔	0.08	1.31	5.64	92.66	0.31
卡拉干达	0.00	0.00	0.82	90.75	8.43
东哈萨克斯坦	0.01	2.31	15.69	78.92	3.07
阿拉木图	1.03	9.95	15.12	73.90	0.00
南哈萨克斯坦	0.29	1.41	4.41	67.25	26.64
阿克托别	0.00	0.00	0.00	40.46	59.54
科斯塔奈	0.00	0.00	0.00	38.84	61.16
巴甫洛达尔	0.00	0.00	0.01	28.66	71.33
北哈萨克斯坦	0.00	0.00	0.00	20.54	79.46
曼格斯套	0.00	0.00	0.00	13.44	86.56
克孜勒奥尔达	0.00	0.00	0.05	3.16	96.79
西哈萨克斯坦	0.00	0.00	0.00	0.18	99.82
阿特劳	0.00	0.00	0.00	0.02	99.98

1. 地形高度适宜地区

哈萨克斯坦的地形高度适宜地区面积占全国国土总面积的 43.67%；相应人口占比为 25.85%。该区以图兰平原为主体，向西延伸至里海沿岸，向北与额尔齐斯河流域相连。除阿拉木图州外的 13 个州均有分布，其中克孜勒奥尔达州分布面积最广，其次为阿克托别、西哈萨克斯坦、曼格斯套、科斯塔奈和阿特劳 5 个州。值得一提的是，阿特劳和西哈萨克斯坦两州地形高度适宜区占两州面积的 99%以上，两州人口共占哈萨克斯坦总人口的 6.14%；相比之下，卡拉干达、阿克莫拉、东哈萨克斯坦和江布尔 4 个州地形高度适宜区面积不足各州面积的 1/10。

2. 地形比较适宜地区

哈萨克斯坦地形比较适宜地区面积约为全境的 51.59%，在各适宜类型中面积最大；相应人口占比为 68.23%。哈萨克斯坦地形比较适宜区在空间上归属于图尔盖高原与哈萨克丘陵两大地形区。哈萨克斯坦 14 个州均分布有地形比较适宜区，但各州存在较大差异，以卡拉干达州分布面积最为广泛，分布面积达 39 万 km^2，其次在东哈萨克斯坦、阿拉木图、阿克莫拉、江布尔和阿克托别 5 个州分布面积较大，超半数的地形为比较适宜区；其余 8 个州地形比较适宜区均不超过 8 万 km^2。

3. 地形一般适宜地区

哈萨克斯坦地形一般适宜地区面积约占全境的 3.46%；相应人口不足 100 万人，约为全境的 5.32%。哈萨克斯坦地形一般适宜地区主要分布在东部高大山系的边缘地带。超 96%的地形一般适宜地区分布在东哈萨克斯坦州、阿拉木图州、江布尔州、南哈萨克斯坦州。其中，东哈萨克斯坦州分布范围最广，其次是阿拉木图州；卡拉干达州东部也有零星分布。

4. 地形临界适宜地区

哈萨克斯坦地形临界适宜地区面积约占全境土地面积的 1.18%；相应人口数约 10万人，占总人口的 0.54%。哈萨克斯坦地形临界适宜地区在空间上沿天山山脉走向分布于海拔更高的山地地区，其仅分布在哈萨克斯坦南部东哈萨克斯坦、南哈萨克斯坦、阿拉木图和江布尔 4 个州。其中，阿拉木图州分布面积最大，其次是东哈萨克斯坦州。

5. 地形不适宜地区

哈萨克斯坦地形不适宜地区占全境土地面积的 0.10%，该地区人口仅占总人口的 0.06%。与地形临界适宜区相似，该适宜类型仅在东哈萨克斯坦、南哈萨克斯坦、阿拉木图和江布尔 4 个州有少量分布，主要受南部天山山脉影响。

3.1.3 小结

本节对哈萨克斯坦海拔等进行分析，提取了哈萨克斯坦 1km×1km 栅格大小的地形起伏度，并从地形高度适宜、比较适宜、一般适宜、临界适宜和不适宜五个类别对哈萨克斯坦地形适宜性进行分级评价。通过分析评价可得，哈萨克斯坦主要为地形适宜地区，境内地形起伏度以低值为主，其地形适宜分区与主要地形区相对应。哈萨克斯坦各州均以地形比较适宜或高度适宜为主，二者占比在 70%～100% 不等，其中阿特劳州和西哈萨克斯坦州地形适宜最佳，卡拉干达州地形比较适宜区面积最大；地形不适宜地区及临界适宜地区仅分布在东哈萨克斯坦、南哈萨克斯坦、阿拉木图以及江布尔 4 个州。哈萨克斯坦近 70% 的人口分布在地形比较适宜区，其次是地形高度适宜区，极少数分布在地形不适宜区，这说明地形是影响人口分布的重要因素，但不是唯一因素。

3.2 温湿指数与气候适宜性

气候适宜性评价（suitability assessment of climate，SAC）是人居环境适宜性评价的一项重要内容。本节利用气温和相对湿度数据计算哈萨克斯坦的温湿指数，采用地理空间统计的方法开展哈萨克斯坦的人居环境气候适宜性评价。本节所采用的气温数据源自瑞士联邦研究所提供的地球陆表高分辨率气候数据（The Climatologies at High Resolution for the Earth's Land Surface，CHELSA）（Karger et al., 2017），相对湿度数据来自国家气象科学数据中心。

3.2.1 温湿指数

基于平均气温和相对湿度数据，计算了哈萨克斯坦温湿指数（图 3-3）。结果表明，哈萨克斯坦温湿指数范围为 13.11～60.10，平均温湿指数为 46.18，整体上温湿指数呈现出由西南向东北递减的空间分布趋势。哈萨克斯坦近 95% 的地区温湿指数为 35～55，体感寒冷或偏冷，对应人口占比 81.41%。各州平均温湿指数范围为 39～55，北哈萨克斯坦州温湿指数最低，南哈萨克斯坦州温湿指数最高。各州温湿指数变化幅度存在较大差异，西部的曼格斯套、阿特劳、西哈萨克斯坦 3 个州以及北部的科斯塔奈、阿克莫拉、巴甫洛达尔、北哈萨克斯坦 4 个州表现出较小的温湿指数差异（均小于 10）；阿拉木图、南哈萨克斯坦、东哈萨克斯坦以及江布尔 4 个州受地形起伏的影响，其温湿条件内部差异较大，尤其是阿拉木图州，该州温湿指数介于 13.11～53.32。

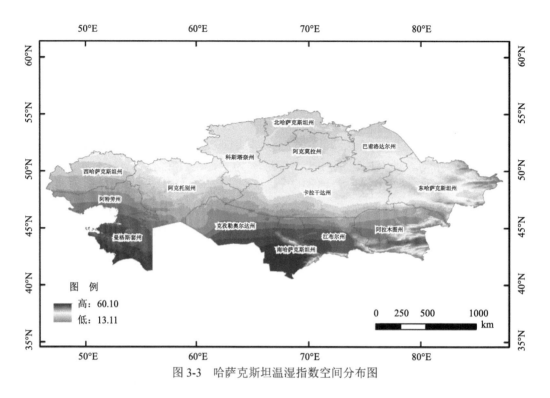

图 3-3　哈萨克斯坦温湿指数空间分布图

3.2.2　气候适宜性评价

依据哈萨克斯坦气候区域特征及差异，参考温湿指数气候分级标准，开展了哈萨克斯坦人居环境的气候适宜性评价。参考气候以及相对湿度的区域特征和差异，将人居环境气候适宜程度分为不适宜、临界适宜、一般适宜、比较适宜和高度适宜五类。

根据人居环境气候适宜性分区标准（表 3-2），完成了哈萨克斯坦基于温湿指数的人居环境气候适宜性评价（图 3-4 和表 3-3）。结果表明，哈萨克斯坦气候适宜性整体以一般适宜、临界适宜为主，二者占比分别为 51.63%、43.24%，对应人口占比分别为 45.37%、36.04%。除东部天山山脉北侧、阿尔泰山表现为气候不适宜，以及南部极少数地区为高度适宜（不足 0.01%）外，其余各区可大致以 48°N 和 42°N 为界，由北向南依次为临界适宜区、一般适宜区和比较适宜区。

表 3-2　基于温湿指数的气候适宜性评价

温湿指数	人体感觉程度	人居环境气候适宜性分级
≤35，>80	极冷，极其闷热	不适宜地区
35～45，77～80	寒冷，闷热	临界适宜地区
45～55，75～77	偏冷，炎热	一般适宜地区
55～60，72～75	清凉，偏热	比较适宜地区
60～72	清爽或温暖	高度适宜地区

1. 气候高度适宜地区

哈萨克斯坦气候高度适宜地区面积不足全国土地面积的 0.01%，仅分布在南哈萨克斯坦州最南端等；该区域人口约 6 万人，仅占全国总人口的 0.33%。

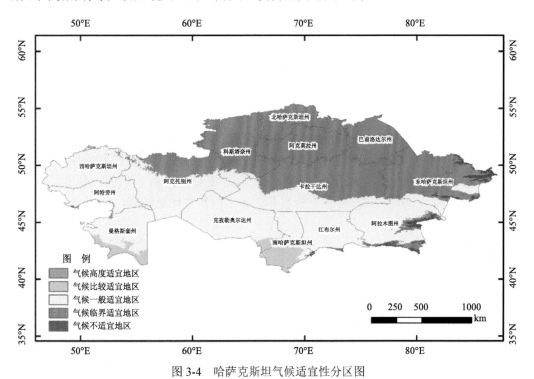

图 3-4　哈萨克斯坦气候适宜性分区图

表 3-3　哈萨克斯坦气候适宜性评价结果（面积占比）　　　（单位：%）

州	气候不适宜地区	气候临界适宜地区	气候一般适宜地区	气候比较适宜地区	气候高度适宜地区
阿拉木图	6.43	14.41	79.16	0.00	0.00
阿克莫拉	0.00	100.00	0.00	0.00	0.00
阿克托别	0.00	31.97	68.03	0.00	0.00
阿特劳	0.00	0.00	100.00	0.00	0.00
东哈萨克斯坦	6.27	80.98	12.75	0.00	0.00
曼格斯套	0.00	0.00	79.80	20.20	0.00
北哈萨克斯坦	0.00	100.00	0.00	0.00	0.00
巴甫洛达尔	0.00	100.00	0.00	0.00	0.00
卡拉干达	0.00	61.58	38.42	0.00	0.00
科斯塔奈	0.00	90.21	9.79	0.00	0.00
克孜勒奥尔达	0.00	0.00	93.55	6.45	0.00
南哈萨克斯坦	0.43	1.41	47.94	50.01	0.21
西哈萨克斯坦	0.00	1.81	98.19	0.00	0.00
江布尔	0.37	1.92	97.44	0.27	0.00

2. 气候比较适宜地区

哈萨克斯坦气候比较适宜地区占全国总面积的 3.90%；相应人口占比为 17.97%。在空间上分布于曼格斯套山、卡拉套山以南区域，近半成气候比较适宜区分布在南哈萨克斯坦州，其次为曼格斯套州和克孜勒奥尔达州，极少数分布在江布尔州。

3. 气候一般适宜地区

哈萨克斯坦气候一般适宜地区约占全国土地面积的 51.63%，是占地面积最大的气候适宜类型；相应人口占比为 45.37%。在空间上该区域大致呈东西向条带状分布于气候比较适宜和临界适宜地区之间。哈萨克斯坦气候一般适宜区温湿指数为 45～55，体感偏冷，年降水量总体在 100～300mm。就各州而言，除巴甫洛达尔、北哈萨克斯坦以及阿克莫拉 3 个州外，其余各州均有分布，其中克孜勒奥尔达、阿克托别、阿拉木图、卡拉干达和西哈萨克斯坦 5 个州分布面积较大，均超过 15 万 km^2；气候一般适宜区在阿特劳州的占比达 100%，在西哈萨克斯坦和江布尔两州占比也较高，分别为 98.19%、97.44%。

4. 气候临界适宜地区

哈萨克斯坦气候临界适宜地区约占全国土地面积的 43.24%，分布于气候一般适宜区以北，在地形上属于图尔盖高原和哈萨克丘陵北部，全国约 36.04%的人口分布于此。气候临界适宜区主要涉及 7 个州，分布面积大小依次为卡拉干达州、东哈萨克斯坦州、科斯塔奈州、阿克莫拉州、巴甫洛达尔州、北哈萨克斯坦州和阿克托别州；此外，约 3.08%的气候临界适宜区分布在阿拉木图、江布尔、南哈萨克斯坦 3 个州南部的天山山脉和阿拉套山北翼。该地区气温偏低，干燥寒冷，人烟稀少。

5. 气候不适宜地区

哈萨克斯坦气候不适宜地区约占全国土地面积的 1.22%，该地区人口仅占全国的0.29%。哈萨克斯坦气候不适宜区分布于靠近天山山脉、阿尔泰山脉的高山地区，该地区气候严寒，常年积雪，不适宜人类活动。气候不适宜地区的分布面积偏小。就各州而言，东哈萨克斯坦气候不适宜地区分布面积最大，其次为阿拉木图州。

3.2.3 小结

本节利用气温和相对湿度数据计算哈萨克斯坦的温湿指数，并采用地理空间统计的方法，对哈萨克斯坦的人居环境气候适宜性划分为五类区间进行评价。综合分析可得，哈萨克斯坦幅员辽阔，深居内陆，呈现出典型的温带大陆性气候，以气候一般适宜区为主，温湿指数呈现由西南向东北递减的趋势。就各州而言，气候比较适宜地区在南哈萨克斯坦州分布面积最大；克孜勒奥尔达州气候一般适宜地区面积最大；卡拉干达州气候临界适宜分布面积最大；气候不适宜地区在东哈萨克斯坦州分布最广；仅南哈萨克斯坦州南部少数地区属于气候高度适宜区。从人口分布来看，温湿指数介于 35～55 的人口分布占据绝对比例；气候一般适宜区和气候临界适宜区内人口占比共计 81.41%。

3.3　水文指数与水文适宜性

水文适宜性评价（suitability assessment of hydrology，SAH）是人居环境自然适宜性评价的基础内容之一，其反映一个区域水文特征对该区域人类生活、生产与发展的影响与制约。水文指数（land surface water abundance index，LSWAI）又称地表水丰缺指数，是区域降水量和地表水文状况的综合表征。本节将基于水文指数的水文适宜性评价纳入哈萨克斯坦人居环境适宜性评价体系。本节采用降水量和地表水分指数（land surface water index，LSWI）构建了人居环境水文适宜性评价模型，利用 ArcGIS 空间分析等方法，提取哈萨克斯坦 1km×1km 栅格大小的水文指数，并从降水量、地表水分指数等方面开展哈萨克斯坦人居环境水文适宜性评价。

3.3.1　水文指数

哈萨克斯坦水文指数范围为 0.03～0.60，全境水文指数均值为 0.14（图 3-5）。哈萨克斯坦近 1/2 国土面积的水文指数小于 0.1，主要分布在 48°N 以南地区，人口占比 16.69%；

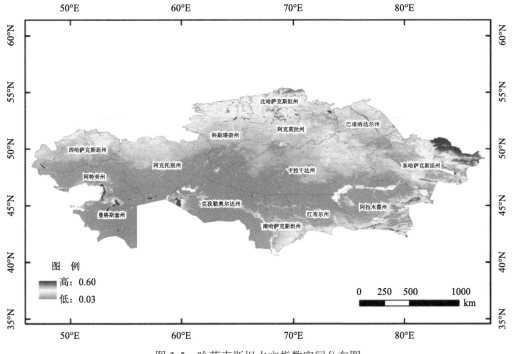

图 3-5　哈萨克斯坦水文指数空间分布图

水文指数高于 0.2 的地区面积约为哈萨克斯坦总面积的 1/5，人口占比 47.45%，主要包括北部伊希姆河上游、额尔齐斯河流经地区，东部天山、阿尔泰山冰川融水区域，以及里海、咸海和巴尔喀什湖沿岸部分地区；水文指数为 0.1～0.2 的地区约占哈萨克斯坦面积的 30%，人口占比 35.86%。

就各州来看，曼格斯套、克孜勒奥尔达、阿特劳、江布尔和阿克托别 5 个州的水文指数均值均低于 0.1；北哈萨克斯坦和东哈萨克斯坦州的水文指数均值最大，高于 0.2，其余 7 个州水文指数均值范围为 0.1～0.2。就水文指数变化范围来看，哈萨克斯坦各州水文指数差均大于 0.5，水文特征在空间上分布不均衡。

3.3.2　水文适宜性评价

基于水文指数的哈萨克斯坦人居环境水文适宜性评价表明（图 3-6 和表 3-4）：哈萨克斯坦水文不适宜地区占比最大，为 38.71%，主要分布在 48°N 以南、天山山脉以北；其次是水文临界适宜区，约占全国 27.87%，主要分布在水文不适宜区的外围；全境近 1/3 的区域为水文适宜区，其中，水文一般适宜地区、水文比较适宜地区、水文高度适宜地区占比分别为 22.28%、6.49% 与 4.65%，在空间上主要分布在北部、东部和东南部。

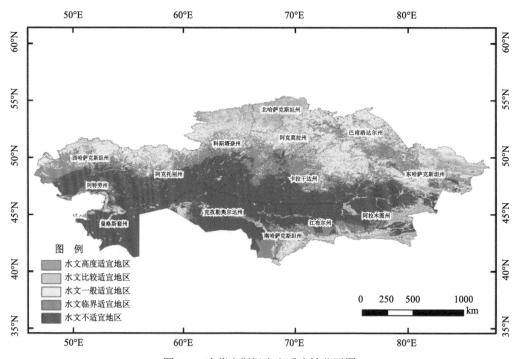

图 3-6　哈萨克斯坦水文适应性分区图

表 3-4 基于水文指数的哈萨克斯坦水文适宜性评价结果（面积占比） （单位：%）

州	水文不适宜地区	水文临界适宜地区	水文一般适宜地区	水文比较适宜地区	水文高度适宜地区
阿拉木图	47.97	19.20	12.02	10.80	10.01
阿克莫拉	0.41	32.90	51.37	9.84	5.48
阿克托别	50.06	28.83	19.65	1.07	0.39
阿特劳	71.51	21.96	3.44	1.58	1.51
东哈萨克斯坦	9.89	33.78	31.68	14.63	10.02
曼格斯套	86.93	6.22	4.32	1.54	0.99
北哈萨克斯坦	0.28	7.99	34.49	29.42	27.82
巴甫洛达尔	0.24	36.23	53.46	6.69	3.38
卡拉干达	45.06	34.45	18.69	1.27	0.53
科斯塔奈	17.48	29.64	31.07	12.79	9.02
克孜勒奥尔达	80.45	10.98	5.52	1.87	1.18
南哈萨克斯坦	32.88	37.05	21.33	5.66	3.08
西哈萨克斯坦	11.95	51.31	31.53	3.83	1.38
江布尔	52.11	30.93	11.62	3.07	2.27

1. 水文高度适宜地区

哈萨克斯坦的水文高度适宜地区面积占全国国土总面积的 4.65%，相应人口占比为 8.30%。水文高度适宜地区在空间上按照水文条件大致可分为 3 个区域：①北部伊希姆河和额尔齐斯河流经地区；②东部阿尔泰山和天山冰川融水地区；③里海、咸海和巴尔喀什湖沿岸地区。就各州而言，全境约 3/5 的水文高度适宜区分布在东哈萨克斯坦、北哈萨克斯坦和阿拉木图州，面积均超过 2 万 km²；其次是科斯塔奈州，其余各州内水文高度适宜区面积不足 1 万 km²，其中阿克托别州面积最小。

2. 水文比较适宜地区

哈萨克斯坦水文比较适宜地区面积约为全境的 6.49%，相应人口占全国总人口的 14.91%。哈萨克斯坦水文比较适宜区空间分布特征与高度适宜区相似，但分布面积更广。东哈萨克斯坦分布面积最广，超 1/5 的水文比较适宜地区分布于此；其次为北哈萨克斯坦、科斯塔奈、阿拉木图和阿克莫拉；中西部卡拉干达、曼格斯套、阿特劳、阿克托别和克孜勒奥尔达等州内水文比较适宜地区不足 2%，阿特劳州分布面积最小。

3. 水文一般适宜地区

哈萨克斯坦水文一般适宜地区面积约占全境的 22.28%；相应人口占比最大，为全国总人口的 43.32%。哈萨克斯坦水文一般适宜地区在空间上主要位于图尔盖高原和哈萨克丘陵北部、里海沿岸低地以北以及南部山地边缘地区。从整体上看，北部水文一般适宜区的水文条件主要依赖间歇性河流，南部则依赖高山冰川融水。就各州而言，东哈达克斯坦州依旧占据主导；其次是卡拉干达（主要集中在该州东北部）、阿克莫拉、巴甫洛达尔、科斯塔奈和阿克托别等州,上述 6 个州水文一般适宜区面积约占全国水文一般适宜区面积的 2/3;阿特劳、曼格斯套两州分布面积不足 1 万 km^2。

4. 水文临界适宜地区

哈萨克斯坦水文临界适宜地区面积占全境土地面积的 27.87%,相应人口占比为 21.87%。哈萨克斯坦水文临界适宜地区主要介于水文一般适宜区和水文不适宜区之间,北部以卡拉干达州中北部为主,向东西方向延伸至国境线,南部分布在天山山脉以北狭长地带。就各州而言,除北哈萨克斯坦州外,其余各州临界适宜区面积均超 1 万 km^2;卡拉干达州占据全境近 1/5 的水文临界适宜地区,其次为东哈萨克斯坦、阿克托别、西哈萨克斯坦、科斯塔奈等州。

5. 水文不适宜地区

哈萨克斯坦水文不适宜地区占全境土地面积的 38.71%,在各适宜类型中面积最大,位于里海以东、天山以北、水文临界适宜区以南的大片区域,相应人口占总人口的 11.60%。超 70% 的水文不适宜地区分布在卡拉干达、克孜勒奥尔达、阿克托别、曼格斯套和阿拉木图 5 个州;阿克莫拉、巴甫洛达尔和北哈萨克斯坦 3 个州以水文适宜性为主,水文不适宜区面积最小。

3.3.3 小结

本节通过提取哈萨克斯坦 1km×1km 栅格大小的水文指数,评价了哈萨克斯坦人居环境水文适宜性。评价结果表明,哈萨克斯坦水文指数空间分布不均衡,以水文不适宜地区为主。就各州来看,北哈萨克斯坦州水文条件最好,水文适宜区占比最大;其次为阿克莫拉、巴甫洛达尔和东哈萨克斯坦 3 个州;水文不适宜区在卡拉干达州面积最大。人口主要分布在水文适宜区,其中以水文一般适宜区为主。

3.4　地被指数与地被适宜性

地被适宜性评价(suitability assessment of vegetation,SAV)是人居环境自然适宜性评价的基础与核心内容之一,其反映一个区域地被覆盖特征对该区域人类生活、生产与发展的影响与制约。本节利用土地覆被类型和归一化植被指数(NDVI)的乘积构建哈萨克斯坦的地被指数,采用空间统计等方法对哈萨克斯坦的地被适宜性进行评价分析。本节采用的土地覆被类型数据来源于国家科技资源共享服务平台——国家地球系统科学数据中心(http://www.geodata.cn),数据时间为 2017 年,空间分辨率为 30m。MOD13A1 数据(V006,包括 NDVI)来源于美国国家航空航天局(NASA)EarthData 平台,时间跨度为 2013~2017 年,空间分辨率为 1km。

3.4.1　地被指数

哈萨克斯坦属温带大陆性气候，干旱少雨，地表植被以草原和荒漠植被为主，地被指数为 0～0.85，全境地被指数均值为 0.09，地被指数偏低（图 3-7）。哈萨克斯坦地被指数主要为 0～0.1，约占全国面积的 4/5，其中地被指数为 0～0.02、0.02～0.1 的地区各约占 1/5 和 3/5，覆盖哈萨克丘陵、图兰平原和里海沿岸低地的大部分地区，全国近 1/2 的人口分布于此。地被指数为 0.1～0.2 的地区面积占比为 11.79%，该区域人口占比约 27.48%，地被指数大于 0.2 的区域仅占 5.07%，二者主要分布在北部平原和东南部山地，依靠地表径流及冰川融水，地被覆盖率相对较高。

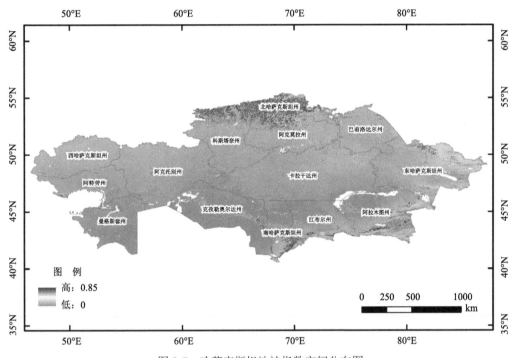

图 3-7　哈萨克斯坦地被指数空间分布图

哈萨克斯坦各州平均地被指数为 0.02～0.28，除北哈萨克斯坦外，其余各州平均地被指数均低于 0.2，北部科斯塔奈、阿克莫拉、巴甫洛达尔，东南部南哈萨克斯坦和东哈萨克斯坦地被指数介于 0.1～0.2；西哈萨克斯坦、阿拉木图等 8 个州平均地被指数均小于 0.1。各州地被指数空间分布均存在较大差异，其中以阿拉木图州差异最大，其地被指数变化范围为 0～0.85；曼格斯套州的内部差异最小，地被指数变化范围为 0～0.45。

3.4.2　地被适宜性评价

根据哈萨克斯坦地被指数空间分布特征及人居环境地被适宜性评价要素体系（表

3-5），完成了哈萨克斯坦基于地被指数的人居环境地被适宜性评价（图3-8）。分析表明（表 3-6），哈萨克斯坦以地被临界适宜地区为主，哈萨克斯坦人居环境地被临界适宜地区占比 71.45%，主要分布在中部平原和丘陵地区；地被适宜区和地被不适宜区占比分别为 16.55%、12.00%，前者零星分布于北部平原和东南部山地，后者则以沙漠地区为主，如克孜勒库姆沙漠。

表 3-5　哈萨克斯坦地被适宜性评价的要素和分级阈值

地被指数	覆被类型	人居环境地被适宜性分级
<0.02	苔原、冰雪、水体、裸地等未利用地	不适宜地区
0.02~0.10	灌丛	临界适宜地区
0.10~0.18	草地	一般适宜地区
0.18~0.28	森林	比较适宜地区
>0.28	不透水层、农田	高度适宜地区

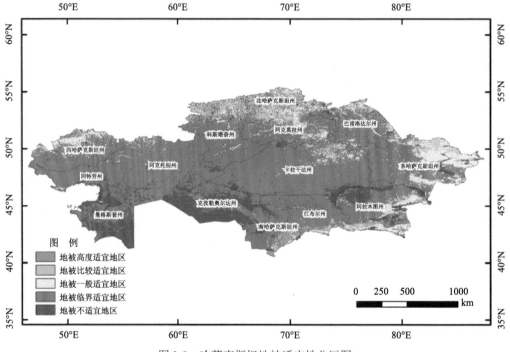

图 3-8　哈萨克斯坦地被适宜性分区图

表 3-6　哈萨克斯坦地被适宜性评价结果（面积占比）　　　（单位：%）

州	地被不适宜地区	地被临界适宜地区	地被一般适宜地区	地被比较适宜地区	地被高度适宜地区
阿拉木图	20.71	55.58	18.96	0.45	4.30
阿克莫拉	2.79	67.54	22.38	0.24	7.05
阿克托别	3.96	94.23	1.65	0.04	0.12
阿特劳	8.60	89.63	1.42	0.07	0.28

州	地被不适宜地区	地被临界适宜地区	地被一般适宜地区	地被比较适宜地区	地被高度适宜地区
东哈萨克斯坦	4.05	61.98	29.38	2.27	2.32
曼格斯套	48.97	50.96	0.04	0.03	0.00
北哈萨克斯坦	5.76	17.07	37.47	0.09	39.61
巴甫洛达尔	2.85	78.54	14.24	0.18	4.19
卡拉干达	3.72	91.72	4.21	0.04	0.31
科斯塔奈	3.05	68.06	13.21	0.07	15.61
克孜勒奥尔达	49.40	47.42	0.87	0.27	2.04
南哈萨克斯坦	7.63	71.60	5.49	0.66	14.62
西哈萨克斯坦	1.41	81.39	16.87	0.09	0.24
江布尔	5.22	83.04	6.65	0.18	4.91

1. 地被高度适宜地区

哈萨克斯坦的地被高度适宜地区面积占哈萨克斯坦国土总面积的 4.88%，以农田和不透水层为主；相应人口占比近 1/5。地被高度适宜地区在空间上零星分布在哈萨克斯坦北部平原和南部山地边境地区，在东部山区也有少量分布。就各州而言，除曼格斯套外的各州均分布有数量不等的地被高度适宜地区，超 50% 的地被高度适宜地区分布在北哈萨克斯坦和科斯塔奈两州；其次为南哈萨克斯坦、阿克莫拉和阿拉木图 3 个州，占地被高度适宜地区的 27.71%；西部西哈萨克斯坦、阿特劳和阿克托别 3 个州地被高度适宜地区分布范围约不足 $500km^2$。

2. 地被比较适宜地区

哈萨克斯坦地被比较适宜地区面积不足全境面积的 0.39%，在各适宜类型中面积最小；全境仅 5.22% 的人口分布于此。地被比较适宜区在各州均有分布，主要分布在东哈萨克斯坦州东北部，面积仅为 0.6 万 km^2。

3. 地被一般适宜地区

哈萨克斯坦地被一般适宜地区面积约占全境的 11.28%，在覆被类型上表现为草地；该区域人口占全境的 25.05%。哈萨克斯坦地被一般适宜地区在空间上分布于哈萨克丘陵北部及其以北平原地区、东南部阿尔泰山、天山两大山系。其中东哈萨克斯坦州分布面积最为广泛，占地被一般适宜区总面积的 26.80%，且呈现连片分布；其次为阿拉木图、北哈萨克斯坦、阿克莫拉、科斯塔奈和西哈萨克斯坦，各州地被一般适应区面积均大于 2.5 万 km^2；曼格斯套州地被一般适宜地区分布面积最小。

4. 地被临界适宜地区

哈萨克斯坦地被临界适宜地区面积占全境土地面积的 71.45%，在各适宜类型中面积最大，呈东西向分布于哈萨克斯坦中部；相应人口占全国总人口的 43.76%。地被临界适宜区是哈萨克斯坦各州分布最为广泛的地被适宜类型（北哈萨克斯坦州和克孜勒奥尔达州除外），占比为50%～95%不等，分布范围均超过 8 万 km²，其中阿克托别州和卡拉干达州超90%的区域为此类型，在覆被类型上表现为灌木。

5. 地被不适宜地区

哈萨克斯坦地被不适宜地区占全境土地面积的 12.00%；人口分布相对较少，仅占全国 5.74%。地被不适宜地区主要位于里海和巴尔喀什湖以南以及咸海以东地区，克孜勒库姆沙漠分布于此。就各州而言，集中分布在克孜勒奥尔达州南部、曼格斯套州南部以及阿拉木图州西北部，三州分布面积分别占地被不适宜地区总面积的34.61%、24.66%、14.08%；相比之下，西哈萨克斯坦、巴甫洛达尔、阿克莫拉等州地被不适宜地区分布面积相对较少。

3.4.3　小结

本节采用空间统计等方法，对哈萨克斯坦的地被指数进行分析，并以高度适宜、比较适宜、一般适宜、临界适宜和比较适宜 5 个级别对哈萨克斯坦地被适宜性进行了划分（表 3-7）。通过评价可得，哈萨克斯坦主要覆被类型为灌丛，地被指数总体上呈现出中间低、南北高的分布特征。哈萨克斯坦以地被临界适宜类型为主，成片分布在中部地区，地被适宜区主要分布在北部平原和东南部山地附近，地被不适宜区则成块状镶嵌在地被临界适宜区内部。除北哈萨克斯坦州和克孜勒奥尔达外，各州地被适宜类型均以临界适宜为主导。人口主要分布在地被适宜区，其次为地被临界适宜区。

表 3-7　哈萨克斯坦人居环境 4 种自然要素适宜性评价结果（面积占比）　（单位：%）

指标	地形	气候	水文	地被
高度适宜地区	43.67	0.01	4.65	4.88
比较适宜地区	51.59	3.90	6.49	0.39
一般适宜地区	3.46	51.63	22.28	11.28
临界适宜地区	1.18	43.24	27.87	71.45
不适宜地区	0.10	1.22	38.71	12.00

3.5　人居环境适宜性综合评价与分区研究

本节所用的哈萨克斯坦 1km×1km 人居环境指数结果以及基于人居环境指数的人居环境适宜性评价与分区结果，均来源于《绿色丝绸之路：人居环境适宜性评价》（封志明等，2022）。人居环境自然适宜性综合评价与分区研究是开展资源环境承载力评价的基础研究。它是在基于地形起伏度的地形适宜性评价、基于温湿指数的气候适宜性评价、基于水文指数的水文适宜性评价，以及基于地被指数的地被适宜性评价基础上，利用地形起伏度、温湿指数、水文指数与地被指数构建人居环境指数,结合单要素适宜性与限制性因子组合,将人居环境自然适宜性划分为三大类、七小类。其中,人居环境指数(human settlements index,HSI)是反映人居环境地形、气候、水文与地被适宜性与限制性特征的加权综合指数。

3.5.1　人居环境适宜性分区方法

根据上述分析,分别将人居环境指数平均值 35 与 44 作为划分人居环境不适宜地区与临界适宜地区、临界适宜地区与适宜地区的特征阈值。在此基础上,根据人居环境地形适宜性、气候适宜性、水文适宜性与地被适宜性四个单要素评价结果进行因子组合分析,再进行人居环境适宜性与限制性七小类划分。具体而言,共建国家与地区人居环境适宜性与限制性划分为三大类、七小类,分别如下:

(1)人居环境不适宜地区(non-suitability area,NSA),根据地形、气候、水文、地被等限制性因子类型(即不适宜)及其组合特征,把人居环境不适宜地区再分为人居环境永久不适宜地区(permanent NSA,PNSA)和条件不适宜地区(conditional NSA,CNSA)。

(2)人居环境临界适宜地区(critical suitability area,CSA),根据地形、气候、水文、地被等自然限制性因子类型(即临界适宜)及其组合特征,把人居环境临界适宜地区再分为人居环境限制性临界地区(restrictively CSA,RCSA)与适宜性临界地区(narrowly CSA,NCSA)。

(3)人居环境适宜地区(suitability area,SA),根据地形、气候、水文、地被等适宜性因子类型(主要是高度适宜与比较适宜)及其组合特征,将人居环境适宜地区再分为一般适宜地区(low suitability area,LSA)、比较适宜地区(moderate suitability area,MSA)与高度适宜地区(high suitability area,HSA)。

3.5.2　人居环境指数

经计算,哈萨克斯坦人居环境指数为 1～73,平均值约为 39(图 3-9)。可见,人居环境适宜性与限制性划分的三个大类、七个小类在该国均有分布,但以人居环境临界适宜性为主。从水文、气候、地被等自然特征来看,这一评价结果是合理且可信的。

从空间上看,哈萨克斯坦人居环境指数总体呈现出中间低四周高的分布特征。人居环境指数高值区(HSI>50)位于北部平原地区,天山山脉以西、以北地区以及里海沿岸地区,对应的面积占比约为 3.82%;中值区(30<HSI<50)分布面积最广泛,占该国面积的 93.95%,人口数约占全国总人口的 4/5;人居环境指数低值区(HSI<30)仅占全国面积的 2.23%,呈东北-西南走向分布于阿尔泰山和天山山脉地区,该区域海拔高、水热条件较差。

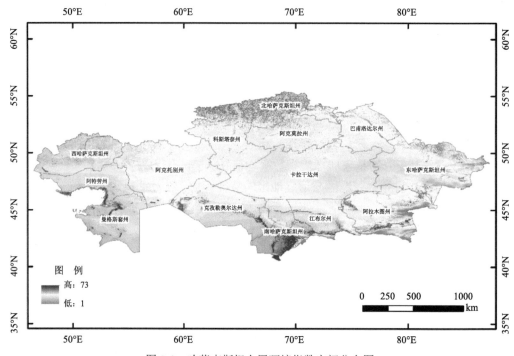

图 3-9　哈萨克斯坦人居环境指数空间分布图

　　哈萨克斯坦 14 个州平均人居环境指数均为 35～50，南哈萨克斯坦平均人居环境指数最高，为 46，该州人口占全国总人口的 17.49%；其次是北哈萨克斯坦、曼格斯套、西哈萨克斯坦、阿特劳、克孜勒奥尔达和江布尔 6 个州；科斯塔奈、阿克托别、巴甫洛达尔、阿克莫拉、阿拉木图等 7 州平均人居环境指数为 35～40。受东南部山系影响，江布尔、阿拉木图、南哈萨克斯坦和东哈萨克斯坦 4 个州内人居环境指数空间差异较大，各州人居环境最小值均小于 6，其最大值可达 65 以上，变化幅度在 63～69 之间；相比之下，西哈萨克斯坦、阿克托别、曼格斯套和卡拉干达等州内部地形、气候、水文等条件相对均质，其人居环境指数变化幅度较小。

3.5.3　人居环境适宜性评价

　　根据哈萨克斯坦人居环境指数空间分布特征及人居环境地被适宜性评价要素体系，完成了哈萨克斯坦的人居环境适宜性评价（图 3-10）。评价结果表明（表 3-8），哈萨克斯坦以人居环境临界适宜地区为主，哈萨克斯坦人居环境临界适宜地区占比 72.50%，其中，人居环境适宜性临界、限制性临界两类土地占比分别为 37.50%、35.00%；人居环境不适宜地区和适宜地区各占 15.94% 和 11.56%，其中人居环境条件不适宜区面积最大，面积占比 15.09%，高度适宜区面积最小，面积占比不足 1%。

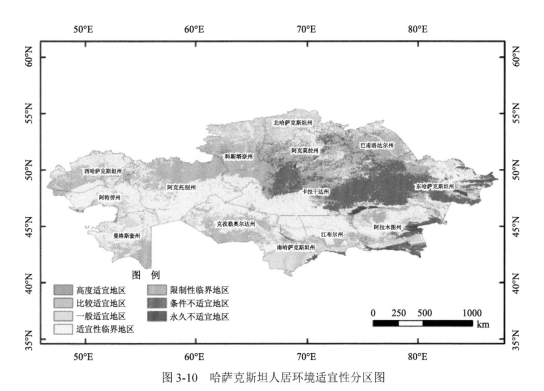

图 3-10　哈萨克斯坦人居环境适宜性分区图

表 3-8　哈萨克斯坦人居环境适宜性评价结果（面积占比）　　（单位：%）

州	人居环境永久不适宜地区	人居环境条件不适宜地区	人居环境限制性临界地区	人居环境适宜性临界地区	人居环境一般适宜地区	人居环境比较适宜地区	人居环境高度适宜地区
阿拉木图	4.29	19.11	26.59	39.23	9.67	1.11	0.00
阿克莫拉	0.25	17.25	53.33	22.57	4.61	1.98	0.01
阿克托别	0.01	0.13	45.34	53.38	1.13	0.01	0.00
阿特劳	0.00	0.00	19.33	72.91	7.64	0.04	0.08
东哈萨克斯坦	2.03	44.98	22.79	23.15	5.85	1.20	0.00
曼格斯套	0.00	0.00	35.01	49.34	15.65	0.00	0.00
北哈萨克斯坦	0.26	2.48	16.73	35.93	19.13	15.55	9.92
巴甫洛达尔	0.24	14.65	65.79	12.68	6.30	0.30	0.04
卡拉干达	1.32	42.30	23.02	33.01	0.32	0.03	0.00
科斯塔奈	0.12	3.96	56.37	22.48	7.96	6.33	2.78
克孜勒奥尔达	0.00	0.06	44.31	43.57	11.27	0.59	0.20
南哈萨克斯坦	0.50	2.46	9.29	28.97	46.77	11.86	0.15
西哈萨克斯坦	0.00	0.00	47.78	41.71	10.45	0.05	0.01
江布尔	0.14	2.78	28.09	52.48	15.48	1.03	0.00

1. 人居环境高度适宜地区

哈萨克斯坦人居环境高度适宜地区总面积为哈萨克斯坦国土总面积的 0.59%，相应人口占比仅为 0.40%。人居环境高度适宜地区在空间上主要分布于北哈萨克斯坦州和科斯塔奈州北部平原,该区域地势平坦,伊希姆河流经于此,地表径流充足,同时该区域能够接收到来自大西洋的暖湿气流,经南部高原地形抬升,形成降水,故人居环境高度适宜。

2. 人居环境比较适宜地区

哈萨克斯坦人居环境比较适宜地区总面积占境内总面积的 1.98%,对应人口占比为 13.93%。该区主要在天山山脉东侧呈现出东北-西南走向分布带。该区域地势相对平坦,西侧为锡尔河,同时还能接收到来自天山的冰川融水,水分条件相对较好。从各州来看,超 3/4 的人居环境比较适宜区分布在北哈萨克斯坦、南哈萨克斯坦和科斯塔奈 3 个州。

3. 人居环境一般适宜地区

哈萨克斯坦人居环境一般适宜地区总面积占哈萨克斯坦总面积的 8.99%,对应人口约为总人口的 27.48%。人居环境一般适宜地区可分为南北两部分,北部是以哈萨克丘陵以北平原以及西哈萨克斯坦北部区域为主,乌拉尔河、伊希姆河和额尔齐斯河流经该区。南部主要分布在里海沿岸、锡尔河沿岸以及天山北侧,其中以锡尔河沿岸分布最为集中。从各州来看,南哈萨克斯坦、克孜勒奥尔达、曼格斯套、江布尔和阿拉木图等州为主要的分布区,近 60%的人居环境一般适宜区分布在此;其次,北哈萨克斯坦、东哈萨克斯坦、西哈萨克斯坦和科斯塔奈占比为 27.56%;其余 5 个州的人居环境一般适宜区分布面积不足 1 万 km^2。

4. 人居环境适宜性临界地区

人居环境适宜性临界地区在哈萨克斯坦面积最大,占比为 37.50%,人口分布最多,占全国总人口的 29.27%。人居环境适宜性临界地区在空间大致呈东西走向,分布区域自西向东依次为里海沿岸低地、图兰平原中部以及天山以北、哈萨克丘陵以南区域。该区域地形相对平坦,水文和气候是主要的限制因素。从各州来看,阿克托别州人居环境适宜性临界地区分布最为广泛,占该州面积的 53.38%;其次是卡拉干达、克孜勒奥尔达、阿拉木图、阿特劳、曼格斯套和江布尔等州;东哈萨克斯坦和西哈萨克斯坦北部也有较多分布,面积均超过 6 万 km^2;巴甫洛达尔人居环境适宜性临界地区分布面积最小。

5. 人居环境限制性临界地区

人居环境限制性临界地区占哈萨克斯坦总面积的 35.00%,对应人口占比为 24.10%。人居环境限制性临界地区在空间上集中分布于哈萨克斯坦中北部,以图尔盖高原为主体,向东西方向延伸至国境线,呈条带状相间分布在适宜性临界地区和一般适宜地区之间,水文、地被是其主要限制因素。就各州而言,北部阿克托别、科斯塔奈和南部克孜勒奥尔达分布面积较大,分别占各州面积的 45.34%、56.37%、44.31%;人居环境限制性临界区分布面积最少的州包括南哈萨克斯坦州和北哈萨克斯坦州,两者面积分别为 1.08 万 km^2、1.65 万 km^2。

6. 人居环境条件不适宜地区

人居环境不适宜地区占哈萨克斯坦总面积的 15.09%，人口数不足总人口的 5%。在空间上，人居环境条件不适宜地区集中分布在东部额尔齐斯河以南、巴尔喀什湖以北区域，以及天山、阿尔泰山等山地。卡拉干达州的人居环境条件不适宜区在各州中分布面积最大，占该州面积的 42.30%；其次是东哈萨克斯坦、阿拉木图、阿克莫拉和巴甫洛达尔等州；西哈萨克斯坦、曼格斯套和阿特劳 3 个州人居环境条件不适宜地区极少。

7. 人居环境永久不适宜地区

人居环境永久不适宜地区占哈萨克斯坦总面积的 0.85%，相应人口占比仅为 0.21%。人居环境永久不适宜地区在空间上主要分布在天山山脉高海拔地区以及巴尔喀什湖和斋桑泊沿岸地区，地形和地被是其主要限制因素。哈萨克斯坦人居环境永久不适宜地区以阿拉木图州分布最多，其次是东哈萨克斯坦州和卡拉干达州，三州分布面积占该区总面积的 91.32%。西哈萨克斯坦、曼格斯套和阿特劳 3 个州无人居环境永久不适宜地区。

3.5.4　小结

本节对反映人居环境地形、气候、水文与地被适宜性与限制性特征的人居环境指数进行了分析，并以地理空间统计的方法就三大类和七小类对哈萨克斯坦人居环境进行了综合评析。通过分析可得，哈萨克斯坦人居环境指数中部区域低、周边区域高，其中人居环境指数介于 30～50 的地区面积最大；人居环境临界适宜类型面积最大，且以适宜性临界为主。从各州来看，南哈萨克斯坦州平均人居环境指数最高，州内以人居环境适宜地区为主；卡拉干达州平均人居环境指数最低，州内人居环境适宜地区仅占该州面积的 0.35%。人口主要分布在人居环境临界适宜区，其次为人居环境适宜区。

3.6　本 章 小 结

利用地形起伏度、温湿指数、水文指数、地被指数加权构建人居环境指数，对哈萨克斯坦地形适宜性、气候适宜性、水文适宜性与地被适宜性及人居环境适宜性进行分区评价，基于 ArcGIS 进行地理空间统计，通过综合分析得到以下结论。

（1）哈萨克斯坦以人居环境临界适宜地区为主。哈萨克斯坦人居环境适宜类型、临界适宜类型与不适宜类型相应土地面积占比分别为 11.56%、72.50% 与 15.94%。该国超半数人口分布在临界适宜区，其次为人居环境适宜区。

（2）哈萨克斯坦地形适宜性最好，在单要素适宜区中，地形适宜类型面积占比最大，为 98.72%，气候适宜类型占比为 55.54%，水文和地被适宜类型占比为 33.42%、16.55%。

（3）在空间分布上，哈萨克斯坦人居环境适宜区主要分布在北部平原、南部天山山脉北侧以及里海沿岸，人居环境临界适宜区成片分布于图兰平原与哈萨克丘陵北部，人居环境不适宜区则分布在哈萨克丘陵南部以及天山、阿尔泰山。就各州而言，东哈萨克斯坦以人居环境不适宜类型为主，南哈萨克斯坦以人居环境适宜类型为主，其余各州均以人居环境临界适宜类型为主导。

参 考 文 献

封志明, 李鹏, 游珍. 2022. 绿色丝绸之路: 人居环境适宜性评价. 北京: 科学出版社.

Karger D N, Conrad O, Böhner J, et al. 2017. Climatologies at high resolution for the earth's land surface areas. Scientific Data, 4(1): 1-20.

第4章　土地资源承载力评价与区域增强策略

土地资源是人类赖以生存和发展的重要自然资源（封志明等，2017），土地资源承载力一般是指一定地区的土地所能持续供养的人口数量，即土地资源人口承载量，其实质是研究人口消费与食物生产、人类需求与资源供给间的平衡关系问题（封志明，1994；封志明等，2008）。土地资源承载力评价是明晰资源环境底线，厘定资源环境承载上限，确定区域发展路线、开展区域空间规划和空间治理的重要科学基础（陈百明，1992；郝庆等，2019；Sun et al., 2018）。开展哈萨克斯坦土地资源承载力基础考察与评价，科学认识土地资源承载力演变过程和规律，提出土地资源承载力适应策略，是哈萨克斯坦资源环境承载力评价的重要组成部分。

本章从土地资源利用与农产品生产特征、食物消费水平与结构等供需两个侧面，分别分析了哈萨克斯坦的土地资源利用现状及其变化、土地资源生产能力和居民的食物消费结构，并从人粮平衡和当量平衡等多角度分析了全国、分地区和分州不同尺度的土地资源承载力及其承载状态的整体状况与时空格局。

4.1　土地资源利用及其变化

本节主要对哈萨克斯坦的土地利用类型，土地利用现状及其变化进行了分析，探讨了哈萨克斯坦土地利用类型的空间分布格局，并通过对比 1995 年、2005 年和 2015 年哈萨克斯坦土地利用类型状况，分析了三个时间点土地利用的变化情况，为全面摸清哈萨克斯坦的土地资源状况提供基础。

4.1.1　土地利用现状

哈萨克斯坦位于亚洲中部，北邻俄罗斯，南与乌兹别克斯坦、土库曼斯坦、吉尔吉斯斯坦接壤，西濒里海，东接中国。哈萨克斯坦地形复杂，地势东南高、西北低，境内多为平原和低地。其中平原主要分布在西部、北部和西南部，中部是哈萨克丘陵，东部和东南部为阿尔泰山和天山。因位居欧亚大陆腹地，远离海洋，哈萨克斯坦气候呈典型的大陆性气候，荒漠和半荒漠面积约占国土面积的 60%，是典型的草原畜牧业国家（李海涛和李明阳，2020；张宁，2014）。哈萨克斯坦是世界最大的内陆国家，地广人稀，人均耕地面积世界排名第二；草地面积辽阔，且处于北温带，光、热及水资源也能够满足农业生产的需要。总体而言，哈萨克斯坦有较好的农业发展条件，不仅是粮食生产大国，也是粮食出口大国（贾惠婷，2018；Schierhorn et al., 2020）。

哈萨克斯坦国土总面积为 272.49 万 km²，土地资源利用以草地为主，其次是耕地和裸地，其他土地利用类型较少（表 4-1）。哈萨克斯坦草地资源面积约为 169 万 km²，约占土地总面积的 62%；耕地资源约 41.5 万 km²，约占土地总面积的 15%；裸地面积较多，约为 32.5 万 km²，约占土地总面积的 12%；灌丛约占土地总面积的 6%；林地资源约占土地总面积的 2%；水域和湿地约占土地总面积的 3%；建设用地面积最少，占比不足 1%。

表 4-1 哈萨克斯坦土地利用现状

土地利用类型	数量/万 km²	占比/%
耕地	41.50	15.23
林地	5.43	1.99
草地	169.03	62.03
灌丛	16.13	5.92
湿地	1.14	0.42
水域	6.43	2.36
建设用地	0.38	0.14
裸地	32.45	11.91

空间分布上（图 4-1），哈萨克斯坦草地资源主要分布在中部广阔的哈萨克丘陵地带，耕地资源主要分布在北部的平原和南部的山间河谷地带，林地和灌丛主要分布在东南部和南部的山地地区，裸地集中分布在西南部的图兰低地、里海及咸海周边地区，湖泊众多零星分布且多为咸水湖，大型水域及湿地主要分布于东南部及西南部。

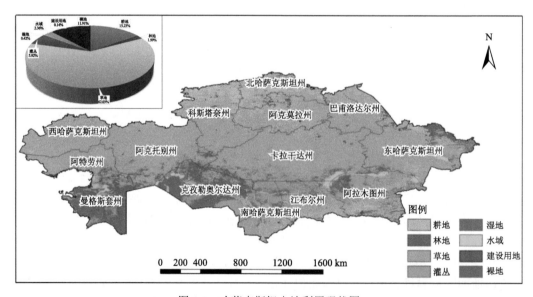

图 4-1 哈萨克斯坦土地利用现状图

4.1.2　土地利用变化

通过对比哈萨克斯坦 1995 年、2005 年和 2015 年的土地利用数据，计算得到 1995～2005 年与 2005～2015 年的土地利用转移矩阵，分析哈萨克斯坦土地利用的变化特征。

1995～2005 年，哈萨克斯坦土地利用变化总体表现为耕地、林地和建设用地面积增加，草地、水域和裸地面积减少，灌丛和湿地面积基本不变（图 4-2）。其中，1995～2005 年哈萨克斯坦耕地资源增加 4.44 万 km²，约增长 12%；建设用地增加 1297km²，由于建设用地总量较少，因此增长幅度较高，约增长 57%；草地资源减少 2.69 万 km²，由于草地资源总量较大，所以减少幅度相对较少，不足 2%。

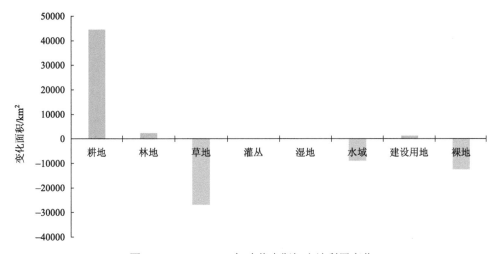

图 4-2　1995～2005 年哈萨克斯坦土地利用变化

从转入的角度来看，1995～2005 年哈萨克斯坦土地利用的主要转入方是耕地资源和草地资源（表 4-2），耕地资源共转入约 4.67 万 km²，主要来源于草地资源，约有 4.54 万 km² 草地资源转为耕地资源；草地资源共转入约 2.42 万 km²，主要来源于裸地，约有 2.15 万 km² 裸地转为草地资源。

表 4-2　哈萨克斯坦 1995～2005 年土地利用转移矩阵　　　　（单位：km²）

指标	耕地	林地	草地	灌丛	湿地	水域	建设用地	裸地	转出量
耕地	366034	495	1094	0	0	150	513	80	2332
林地	120	49743	1107	6	32	148	14	38	1465
草地	45405	3011	1634629	0	0	268	699	1790	51173
灌丛	0	0	0	160947	0	1	2	0	3
湿地	2	23	11	0	11063	8	3	0	47
水域	105	53	493	31	67	70968	4	8937	9690
建设用地	0	0	0	0	0	0	1811	0	0
裸地	1082	17	21532	2	0	384	62	341918	23079
转入量	46714	3599	24237	39	99	959	1297	10845	87789

从转出的角度来看,1995~2005 年哈萨克斯坦土地利用的主要转出方是草地资源和裸地,草地资源共转出约 5.12 万 km²,主要转为耕地资源和林地资源;裸地共转出约 2.31 万 km²,主要转为草地资源和耕地资源;水域转出量也较大,共转出约 9690km²,主要转为裸地和草地资源。其他土地利用类型相互转变较少。

2005~2015 年,哈萨克斯坦土地利用变化总体表现为耕地、林地、草地、灌丛、湿地和建设用地面积增加,水域和裸地面积减少(图 4-3)。其中,2005~2015 年哈萨克斯坦耕地资源增加 2737km²,由于耕地资源总量较大,因此增长幅度较小;草地资源增加 3.14 万 km²,约增长 2%;建设用地增加 626km²,约增长 21%;裸地面积减少 2.84 万 km²,约减少 8%。

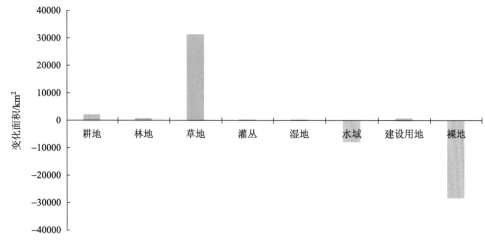

图 4-3 2005~2015 年哈萨克斯坦土地利用变化

从转入的角度来看,2005~2015 年哈萨克斯坦土地利用的主要转入方是草地资源和耕地资源(表 4-3),草地资源共转入约 3.87 万 km²,主要来源于裸地,其次是耕地资源和水域,约有 3.38 万 km² 裸地转为草地资源,约有 3071km² 耕地资源和 1523km² 水域

表 4-3 哈萨克斯坦 2005~2015 年土地利用转移矩阵 　　　　(单位:km²)

指标	耕地	林地	草地	灌丛	湿地	水域	建设用地	裸地	转出量
耕地	408931	303	3071	0	0	35	376	33	3818
林地	196	52573	376	0	164	19	11	1	767
草地	5019	729	1651481	0	0	70	198	1369	7385
灌丛	0	1	0	160972	0	9	4	0	14
湿地	0	12	0	0	11141	8	1	0	21
水域	589	706	1523	275	206	64098	1	4528	7828
建设用地	0	0	0	0	0	0	3107	0	0
裸地	387	18	33775	0	0	158	35	318390	34373
转入量	6191	1769	38745	275	370	299	626	5931	54206

转为草地资源；耕地资源共转入约 6191km²，主要来源于草地资源，约有 5019km² 草地资源转为耕地资源；林地资源转入量也较大，共转入约 1769km²，主要来源于草地资源和水域。

从转出的角度来看，2005～2015 年哈萨克斯坦土地利用的主要转出方是裸地、水域和草地资源，裸地共转出约 3.44 万 km²，主要转为草地资源；水域共转出约 7828km²，主要转为裸地和草地资源；草地资源共转出约 7385km²，主要转为耕地资源和裸地；耕地资源转出量也较大，共转出约 3818km²，主要转为草地资源和建设用地。其他土地利用类型相互转变较少。

4.2　农业生产能力及其地域格局

本节主要分析哈萨克斯坦土地资源的生产供给能力，包括耕地资源的时空变化、粮食生产基本特征、畜禽养殖及肉蛋奶产量情况等内容，揭示了不同空间尺度下的哈萨克斯坦农业生产能力及其地域格局。

4.2.1　哈萨克斯坦耕地资源分析

1992～2018 年，哈萨克斯坦耕地面积先降后升，人均耕地面积持续下降（图 4-4）。1992 年耕地面积为 3505.5 万 hm²，到 2003 年减少为 2834.36 万 hm²，之后逐年增加，2018 年耕地面积为 2974.84 万 hm²，与 1992 年相比共减少约 530.66 万 hm²。哈萨克斯坦人均耕地面积在 1992～1999 年间基本维持在 2.1hm² 左右，2000 年后由于人口的持续增加，人均耕地呈现持续下降态势，2018 年人均耕地面积减少到 1.62hm²。

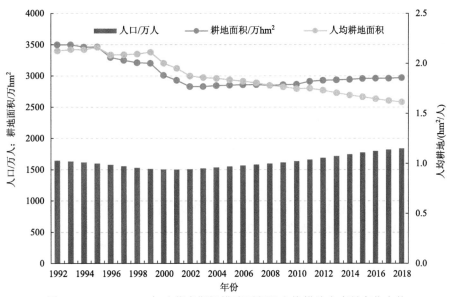

图 4-4　1992～2018 年哈萨克斯坦耕地面积及人均耕地占有量变化态势

从空间上来看（图4-5），哈萨克斯坦耕地资源空间分布极不均匀，耕地主要分布在北部的北哈萨克斯坦州、阿克莫拉州、科斯塔奈州和巴甫洛达尔州，阿拉木图州、东哈萨克斯坦州和南哈萨克斯坦州耕地分布也较多，其他州耕地资源分布较少，其中西南部的阿特劳州和曼格斯套州几乎没有耕地。

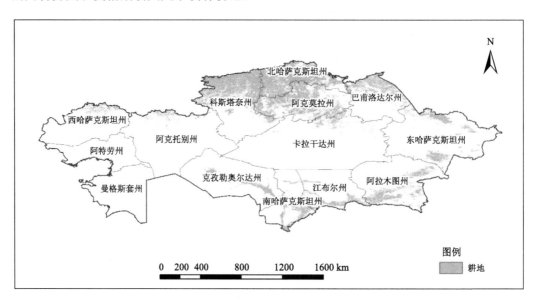

图4-5　哈萨克斯坦耕地资源空间分布图

4.2.2　哈萨克斯坦土地生产能力分析

哈萨克斯坦农作物主要包括谷物、豆类、马铃薯、蔬菜、瓜果、油料作物、甜菜、棉花等。其中谷物和豆类是最主要的种植作物，产量最高，其次是马铃薯、蔬菜、瓜果和油料作物等。1992～2018年哈萨克斯坦各类农作物产量总体都呈先降后升的变化特征（图4-6）。其中，谷物和豆类产量在1992年最高，为2977.17万t，1998年最低，为639.55万t，下降近79%，之后波动上升，2018年为2027.37万t；1992年马铃薯产量为256.97万t，2018年达380.69万t，总体增加约48%；2018年蔬菜、瓜果与油料作物产量分别为408.19万t、214.25万t和269.36万t；甜菜和棉花产量相对较少。

1992～2018年，哈萨克斯坦粮食播种面积呈先降后升的变化特征，1992年粮食播种面积最高，为2284.27万hm²，1999年最低，仅为1154.88万hm²，之后呈缓慢增长态势，到2018年达到1558.96万hm²，远未恢复到历史水平（图4-7）。粮食作物占农作物的比例呈现先升后降趋势，由1992年的65.56%增加到2007年的82.21%，再减少至2018年的70.43%，粮作比总体略有上升。

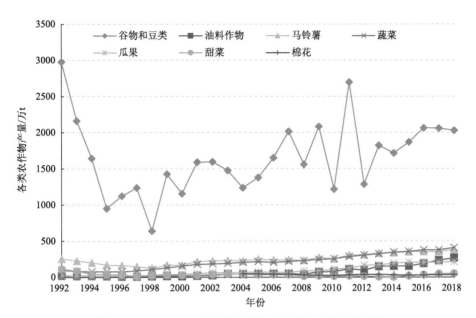

图 4-6　1992～2018 年哈萨克斯坦各农作物产量变化情况

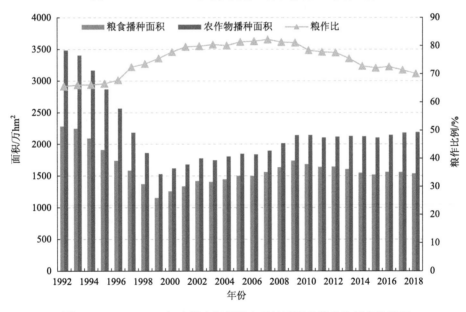

图 4-7　1992～2018 年哈萨克斯坦粮食种植面积及粮作比例变化情况

　　1992～2018 年，哈萨克斯坦粮食产量和粮食单产总体均呈现先降后升的变化特征，期间有较大的波动（图 4-8）。粮食产量在 1992 年最高，为 3234.14 万 t，1998 年最低，仅为 765.84 万 t，总降幅达到 76%，之后粮食产量呈现波动上升，近三年粮食产量稳定在 2400 万 t 左右。粮食单产由 1992 年的 1415.83kg/hm^2 下降到 1998 年的 559.15kg/hm^2，之后大幅波动变化，2012 年开始稳定上升，2018 年粮食单产达到 1569.49kg/hm^2，超过 1992 年的单产水平。

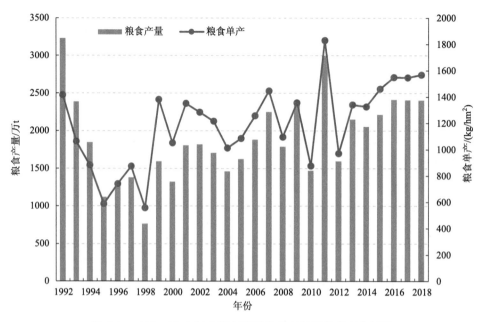

图 4-8 1992～2018 年哈萨克斯坦粮食产量及单产变化情况

哈萨克斯坦畜禽养殖主要为牛、羊、猪、马、骆驼和家禽。其中，家禽的养殖数量最高，羊、牛的养殖数量也较高，猪、马和骆驼养殖数量相对较低。1992～2018 年，哈萨克斯坦各类畜禽养殖数量总体都呈现先降后升的变化特征（图 4-9）。家禽的养殖数量由 1992 年的 5270 万只减少到 1996 年的 1540 万只，下降幅度超过 70%，1996 年后开始持续增加，2018 年达 4444 万只，与 1992 年相比仍有所减少；羊的养殖数量由 1992 年的 3441.98 万只减少到 1998 年的 952.65 万只，降幅较大，之后有所增加，2018 年为 1869.91 万只；牛的养殖数量多低于 1000 万头，呈现先降后升趋势，2018 年为 715.09 万头。

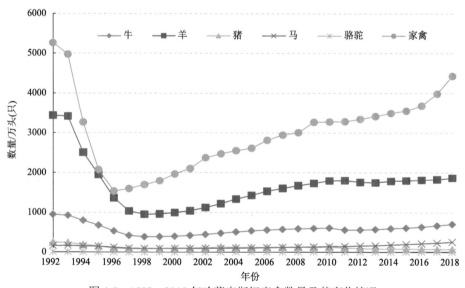

图 4-9 1992～2018 年哈萨克斯坦畜禽数量及其变化情况

1992～2018 年，哈萨克斯坦肉蛋奶产量差异显著，总体均呈现先降后升的变化特征（图 4-10）。奶类产量最高，由 1992 年的 526.51 万 t 减少到 1997 年的 333.45 万 t，1998 年之后总体开始稳定增加，2018 年达到 568.62 万 t；肉类产量由 1992 年的 125.75 万 t 下降到 2000 年的 56.94 万 t 再缓慢增长到 2018 年的 105.94 万 t，与 1992 年相比略有减少；蛋类产量由 1992 年的 19.61 万 t 减少到 1997 年的 6.96 万 t 再持续增加到 2018 年的 30.75 万 t，与 1992 年相比约提高 57%。

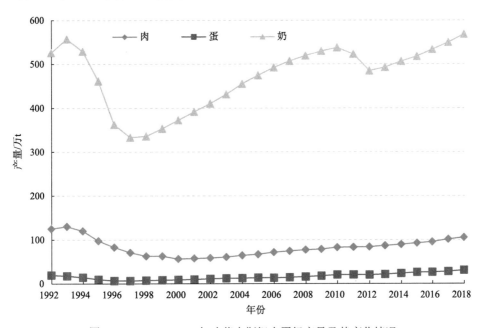

图 4-10　1992～2018 年哈萨克斯坦肉蛋奶产量及其变化情况

4.2.3　分地区土地生产能力分析

1. 西部地区

哈萨克斯坦西部地区包括阿克托别州、阿特劳州、西哈萨克斯坦州和曼格斯套州 4 个州，主要是平原和低地，邻近里海和咸海，是哈萨克斯坦重要的油气资源富集区和生产地区。

西部地区农作物中，谷物和豆类是最主要的种植作物，产量最高，其次是蔬菜、马铃薯和油料作物等。2000～2018 年，谷物和豆类产量在 20 万 t 和 130 万 t 之间大幅波动变化，生产极不稳定，2018 年谷物和豆类产量为 65.29 万 t；蔬菜产量呈现持续增长态势，由 7.95 万 t 增加到 22.34 万 t，增长近两倍；马铃薯产量呈稳定增长态势，由 8.67 万 t 增加到 19.38 万 t，增长超过一倍；油料作物虽然产量较少，但呈快速增长趋势，由 0.14 万 t 增加到 5.86 万 t（图 4-11）。

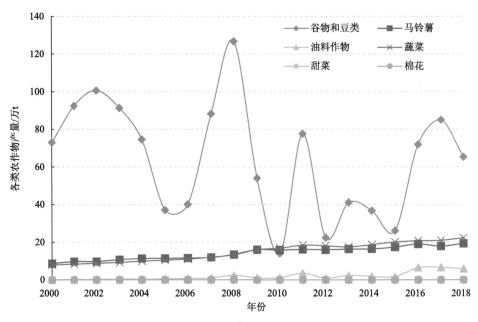

图 4-11　西部地区各农作物产量

2000～2018 年，西部地区粮食产量和人均粮食产量均呈现出大幅波动变化，粮食生产极不稳定（图 4-12）。2008 年粮食产量和人均粮食产量均处于最高水平，分别为 140.34 万 t 和 627kg/人；2010 年粮食产量和人均粮食产量均处于最低水平，分别为 29.98 万 t 和 124kg/人；2018 年西部地区粮食产量为 84.68 万 t，人均粮食产量为 301kg/人。

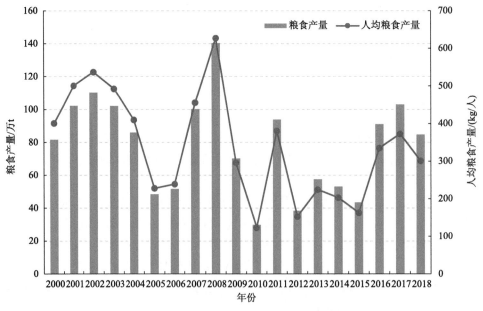

图 4-12　西部地区粮食产量及人均粮食产量变化情况

西部地区畜禽养殖中，羊的养殖数量最高，家禽和牛的养殖数量较高，马、骆驼和猪的养殖数量相对较低。2000～2018 年，西部地区除猪以外的其余畜禽养殖数量总体都有不同程度增加（图 4-13）。羊的养殖数量由 190.61 万只增加到 322.11 万只，增加幅度约 69%；家禽的养殖数量由 97.72 万只增加到 313.69 万只，增加超过两倍；牛的养殖数量由 75.24 万头增加到 122.42 万头，增加幅度约 63%；马和骆驼的养殖数量也有所增加，2018 年数量分别为 46.67 万匹和 11.77 万只；猪的养殖数量则略有减少，2018 年为 7.94 万头。

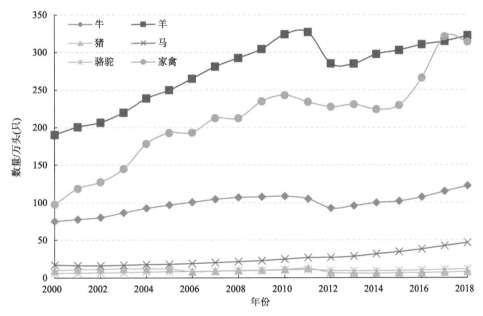

图 4-13　西部地区畜禽数量及其变化情况

2000～2018 年，西部地区肉蛋奶产量差异显著，总体均有所增加（图 4-14）。奶类产量最高，由 43.39 万 t 增加到 63.81 万 t，约增长 47%；肉类产量由 9.07 万 t 增加到 15.41 万 t，约增长 70%；蛋类产量由 0.55 万 t 增加到 2.96 万 t，增长超过四倍。

2. 北部地区

哈萨克斯坦北部地区包括阿克莫拉州、卡拉干达州、科斯塔奈州、巴甫洛达尔州、北哈萨克斯坦州、东哈萨克斯坦州，主要是平原和丘陵，地势北低南高，是哈萨克斯坦重要的粮食生产基地和农业活动集聚区。

北部地区农作物中，谷物和豆类是最主要的种植作物，产量最高，其次是马铃薯、油料作物和蔬菜等。2000～2018 年，谷物和豆类产量在 900 万 t 和 2400 万 t 之间大幅波动变化，2016～2018 年稳定在 1600 万 t 以上；马铃薯产量呈现持续增长态势，由 97.02 万 t 增加到 232.86 万 t，增长超过一倍；油料作物产量呈快速增长态势，由 7.84 万 t 增加到 216.84 万 t，增长近 27 倍；蔬菜产量也呈稳定增长趋势，由 48.18 万 t 增加到 90.29

万 t，增长近一倍（图 4-15）。

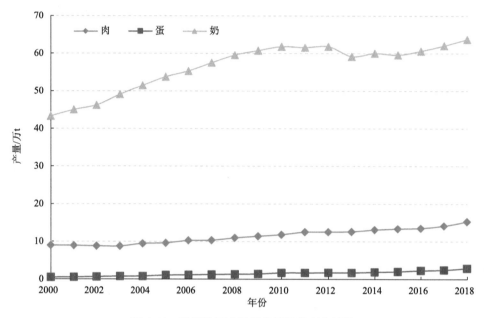

图 4-14　西部地区肉蛋奶产量及其变化情况

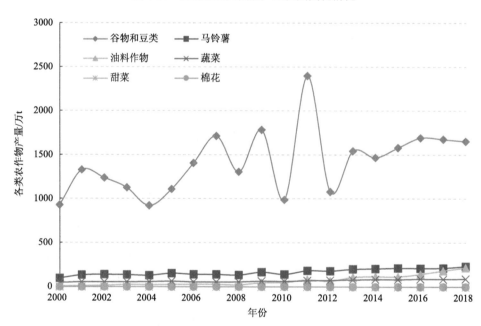

图 4-15　北部地区各农作物产量

2000～2018 年，北部地区粮食产量和人均粮食产量总体有所增加（图 4-16）。粮食产量由 1028.49 万 t 波动上升到 1889.07 万 t，约增加 84%；人均粮食产量由 1570.76kg/人波动上升到 2803.19kg/人，约增加 78%。

北部地区畜禽养殖中，家禽的养殖数量最高，羊和牛的养殖数量较高，马、猪和骆驼的养殖数量相对较低。2000～2018 年，北部地区除猪以外的其余畜禽养殖数量总体均有不同程度的增加（图 4-17）。家禽的养殖数量由 1170.64 万只增加到 2607.72 万只，增加超过一倍；羊的养殖数量由 233.42 万只增加到 446.11 万只，增加幅度约 91%；牛

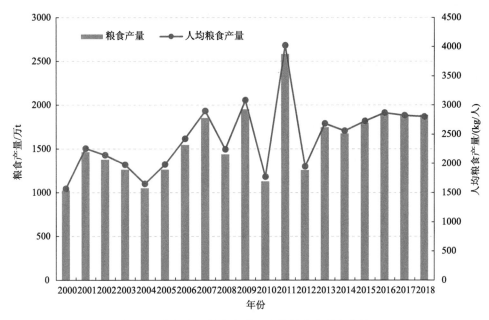

图 4-16　北部地区粮食产量及人均粮食产量变化情况

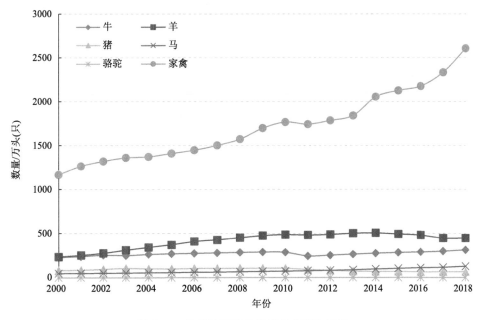

图 4-17　北部地区畜禽数量及其变化情况

的养殖数量由 228.04 万头增加到 313.06 万头，增加幅度约 37%；马和骆驼的养殖数量也有所增加， 2018 年分别为 126.84 万匹和 0.24 万只；猪的养殖数量呈先增后减的变化特征，2018 年为 63.40 万头，总体约减少 19%。

2000～2018 年，北部地区肉蛋奶产量差异显著，总体均有所增加（图 4-18）。奶类产量最高，由 214.40 万 t 增加到 312.63 万 t，约增长 46%；肉类产量由 34 万 t 增加到47.71 万 t，约增长 40%；蛋类产量由 5.38 万 t 增加到 18.89 万 t，增长超过两倍。

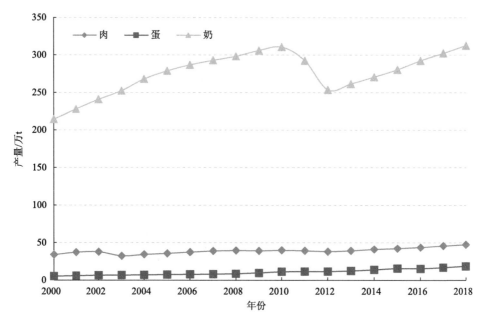

图 4-18　北部地区肉蛋奶产量及其变化情况

3. 南部地区

哈萨克斯坦南部地区包括阿拉木图州、江布尔州、克孜勒奥尔达州和南哈萨克斯坦州，主要是丘陵和山地，地势西低东高，光温水热条件较好，灌溉种植业发达，是哈萨克斯坦重要的矿产资源富集区和产地。

南部地区农作物中，谷物和豆类是最主要的种植作物，产量最高，其次是蔬菜和马铃薯，甜菜、油料作物和棉花等产量相对较低。2000～2018 年，谷物和豆类产量呈现大幅波动上升态势，由 152.01 万 t 波动增加到 305.86 万 t，总体约增长一倍；蔬菜产量呈现持续增长态势，由 98.23 万 t 增加到 295.83 万 t，增长约两倍；马铃薯产量呈稳定增长趋势，由 63.57 万 t 增加到 128.45 万 t；油料作物产量也呈增长态势，2000～2018 年增加约 40.63 万 t；甜菜与棉花产量变化存在一定波动（图 4-19）。

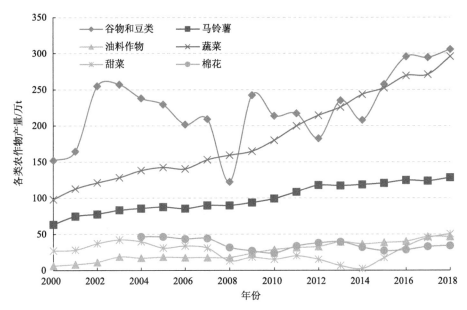

图 4-19　南部地区各农作物产量

2000～2018 年，南部地区粮食产量和人均粮食产量总体均有所增加（图 4-20）。粮食产量由 215.58 万 t 波动上升到 434.31 万 t，约增长一倍；人均粮食产量由 342.37kg/人波动上升到 497.62kg/人，约增加 45%。

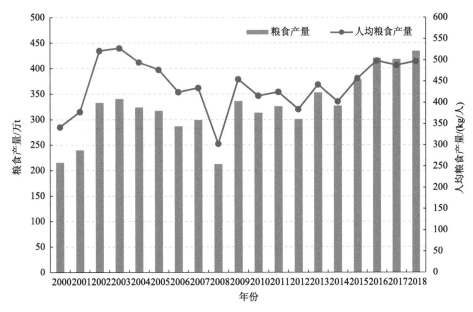

图 4-20　南部地区粮食产量及人均粮食产量变化情况

南部地区畜禽养殖中，家禽和羊的养殖数量最高，牛的养殖数量较高，马、猪和骆驼的养殖数量相对较低。2000～2018 年，南部地区除猪以外的其余畜禽养殖数量总体均有不同程度增加（图 4-21）。家禽的养殖数量由 702.21 万只增加到 1512.38 万只，增加超一倍；羊的养殖数量由 575.08 万只增加到 1101.70 万只，增幅约 92%；牛的养殖数量由 107.38 万头增加到 279.61 万头，增加 1.6 倍；马和骆驼的养殖数量也有所增加，2018 年分别为 91.14 万匹与 8.75 万只；猪的养殖数量呈波动下降趋势，2018 年为 8.53 万头，总体约减少 56%。

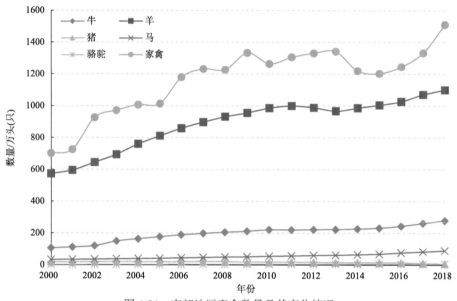

图 4-21　南部地区畜禽数量及其变化情况

2000～2018 年，南部地区肉蛋奶产量差异显著，总体均有所增加（图 4-22）。奶类产量最高，由 115.23 万 t 增加到 192.15 万 t，约增长 67%；肉类产量由 19.20 万 t 增加到 42.85 万 t，增长 1.2 倍；蛋类产量由 3.38 万 t 增加到 8.90 万 t，增长 1.6 倍。

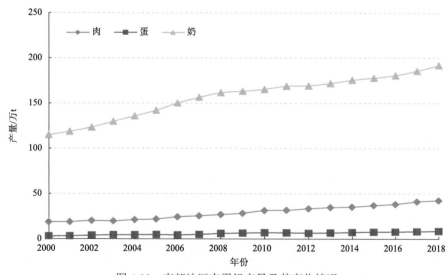

图 4-22　南部地区肉蛋奶产量及其变化情况

4.2.4　分州粮食生产能力分析

分析不同农作物在各州的产量分布可知（表 4-4），谷物和豆类主要分布于阿克莫拉州、科斯塔奈州和北哈萨克斯坦州等州，其中阿克莫拉州谷物和豆类产量最高，约 468 万 t；马铃薯主要分布在阿拉木图州、巴甫洛达尔州、北哈萨克斯坦州和东哈萨克斯坦州等州，其中阿拉木图州马铃薯产量最高，约 74 万 t；油料作物在阿拉木图州、科斯塔奈州、北哈萨克斯坦州和东哈萨克斯坦州等州分布较多，其中北哈萨克斯坦州油料作物产量最高，约 83 万 t；蔬菜主要分布在阿拉木图州、江布尔州和南哈萨克斯坦州，其中南哈萨克斯坦州蔬菜产量最高，超过 100 万 t；甜菜仅分布在阿拉木图州、江布尔州和北哈萨克斯坦州；棉花仅分布在南哈萨克斯坦州，产量约为 34 万 t。

表 4-4　各农作物在各州的分布情况　　　（单位：万 t）

州	谷物和豆类	马铃薯	油料作物	蔬菜	甜菜	棉花
阿克莫拉州	468.47	28.39	19.60	5.71	0	0
阿克托别州	44.90	10.03	1.50	8.10	0	0
阿拉木图州	131.64	73.90	30.36	99.20	29.36	0
阿特劳州	0.07	2.65	0	7.77	0	0
西哈萨克斯坦州	26.07	6.25	5.93	5.63	0	0
江布尔州	71.60	22.03	5.95	85.77	18.71	0
卡拉干达州	82.91	35.40	1.12	10.33	0	0
科斯塔奈州	413.65	17.97	29.12	7.43	0	0
克孜勒奥尔达州	46.97	5.92	0.62	8.93	0	0
曼格斯套州	0	0	0	0.80	0	0
南哈萨克斯坦州	60.05	26.69	9.23	102.25	0	33.95
巴甫洛达尔州	66.79	47.49	11.93	21.42	0	0
北哈萨克斯坦州	449.65	56.60	83.28	19.69	0.37	0
东哈萨克斯坦州	80.14	42.34	55.90	24.57	0	0

注：数据来源于哈萨克斯坦统计局网站。

分析 2018 年哈萨克斯坦各州粮食（谷物和豆类、马铃薯）产量可知（表 4-5），北哈萨克斯坦州、阿克莫拉州、科斯塔奈州等州粮食产量较高，其粮食产量占哈萨克斯坦粮食总产量的比例超过 60%，其中北哈萨克斯坦州粮食产量最高，达 506.25 万 t，占粮食总产量的 21.83%；阿拉木图州、东哈萨克斯坦州、卡拉干达州和巴甫洛达尔州的粮食产量处于中等水平，为 110 万～210 万 t；江布尔州、南哈萨克斯坦州、阿克托别州、克孜勒奥尔达州和西哈萨克斯坦州的粮食产量较低，为 30 万～100 万 t；阿特劳州和曼格斯套州的粮食产量极低。

表 4-5　2018 年各州粮食产量及比例

州	产量/万 t	比例/%	州	产量/万 t	比例/%
北哈萨克斯坦州	506.25	21.83	南哈萨克斯坦州	86.74	3.74
阿克莫拉州	496.86	21.43	阿克托别州	54.94	2.37
科斯塔奈州	431.62	18.62	克孜勒奥尔达州	52.89	2.28
阿拉木图州	205.55	8.87	西哈萨克斯坦州	32.32	1.39
东哈萨克斯坦	122.48	5.28	阿特劳州	2.72	0.12
卡拉干达州	118.31	5.1	曼格斯套州	0	0
巴甫洛达尔州	114.27	4.93			
江布尔州	93.64	4.04			

注：数据来源于哈萨克斯坦统计局网站。

从不同年份粮食产量情况来看（表 4-6），北哈萨克斯坦州粮食产量一直最高，其次是阿克莫拉州和科斯塔奈州。2000 年、2005 年和 2010 年北哈萨克斯坦州、科斯塔奈州、阿克莫拉州粮食产量排前三，2015 年之后阿克莫拉州粮食产量超过科斯塔奈州排名第二，2018 年粮食产量前三分别是北哈萨克斯坦州、阿克莫拉州和科斯塔奈州。

表 4-6　各州粮食产量及其变化趋势　　　　（单位：万 t）

州	2000年	2005年	2010年	2015年	2018年	变化趋势
北哈萨克斯坦州	379.85	398.11	614.66	540.62	506.25	
阿克莫拉州	343.63	318.09	481.66	491.47	496.86	
科斯塔奈州	352.40	368.97	545.01	454.00	431.62	
阿拉木图州	116.22	151.26	171.20	186.53	205.55	
东哈萨克斯坦州	86.36	93.18	99.85	116.02	122.48	
卡拉干达州	66.00	59.02	75.06	98.86	118.31	
巴甫洛达尔州	39.56	51.69	72.93	92.70	114.27	
江布尔州	45.33	68.81	56.58	65.60	93.64	
南哈萨克斯坦州	39.64	54.85	56.39	80.26	86.74	
阿克托别州	52.23	31.17	39.34	32.58	54.94	
克孜勒奥尔达州	25.22	34.31	40.70	42.90	52.89	
西哈萨克斯坦州	29.08	29.75	24.19	27.85	32.32	
阿特劳州	1.02	1.12	1.17	2.15	2.72	
曼格斯套州	0	0	0	0	0	

注：数据来源于哈萨克斯坦统计局网站。

从各州的变化情况来看，2000～2018 年，大多州粮食产量有所增长，北哈萨克斯坦州和科斯塔奈州粮食产量呈现先升后降但总体有所增加的变化特征，阿克托别州和西哈萨克斯坦州粮食产量呈现先降后升但总体有所增加的变化特征。

从地均粮食产量来看（表 4-7），阿特劳州地均粮食产量最高，远远超过其他州，2018 年地均产量达到 11.33t/hm²。其次是克孜勒奥尔达州，2018 年地均产量为 5.24t/hm²。卡拉干达州、阿克托别州、西哈萨克斯坦州、阿克莫拉州和科斯塔奈州 5 个州地均粮食产量较少，不足 1.5t/hm²。

表 4-7　各州地均粮食产量及其变化趋势　　（单位：t/hm²）

州	2000年	2005年	2010年	2015年	2018年	变化趋势
阿特劳州	7.74	5.15	8.05	10.16	11.33	
克孜勒奥尔达州	3.19	3.80	4.39	4.68	5.24	
阿拉木图州	2.09	2.86	3.37	3.81	4.18	
江布尔州	1.34	1.76	2.33	2.43	2.95	
南哈萨克斯坦州	1.85	2.20	2.58	2.99	2.92	
东哈萨克斯坦州	1.85	1.52	1.81	1.94	2.14	
北哈萨克斯坦州	1.32	1.26	1.57	1.66	1.71	
巴甫洛达尔州	0.87	0.89	1.27	1.36	1.54	
卡拉干达州	1.06	0.75	1.03	1.36	1.40	
阿克托别州	0.90	0.42	0.57	0.90	1.27	
西哈萨克斯坦州	0.66	0.46	0.52	1.08	1.24	
阿克莫拉州	1.12	0.87	1.09	1.15	1.13	
科斯塔奈州	1.28	1.08	1.25	1.10	1.05	
曼格斯套州	0	0	0	0	0	

注：数据来源于哈萨克斯坦统计局网站。

从变化情况来看，2000～2018 年，阿特劳州、东哈萨克斯坦州、卡拉干达州、阿克托别州、西哈萨克斯坦州和阿克莫拉州地均粮食产量呈现先降后升但总体增加的变化特征，克孜勒奥尔达州、阿拉木图州、江布尔州、南哈萨克斯坦州、北哈萨克斯坦州和巴甫洛达尔州地均粮食产量有所增长，科斯塔奈州地均粮食产量有所减少。

从不同年份肉类产量的情况来看（表 4-8），阿拉木图州肉类产量一直最高，其次是东哈萨克斯坦州和南哈萨克斯坦州。2000 年科斯塔奈州、阿拉木图州和东哈萨克斯坦州肉类产量排前三，2005 年阿拉木图州、东哈萨克斯坦州和科斯塔奈州肉类产量位列前三，2010 年、2015 年和 2018 年肉类产量前三分别是阿拉木图州、东哈萨克斯坦州和南哈萨克斯坦州。

从变化情况来看，2000～2018 年，大多数州肉类产量有不同程度增加，西哈萨克斯坦州肉类产量呈现先降后升但总体增加的变化特征，科斯塔奈州肉类产量有所减少。

从不同年份蛋类产量的变化情况来看（表 4-9），阿拉木图州蛋类产量一直最高。2000年和 2005 年阿拉木图州、科斯塔奈州和东哈萨克斯坦州蛋类产量排前三，2010 年阿拉木图州、科斯塔奈州和阿克莫拉州蛋类产量位列前三，2015 年阿拉木图州、阿克莫拉州和卡拉干达州蛋类产量居于前列， 2018 年蛋类产量前三位的分别是阿拉木图州、阿克莫拉州和北哈萨克斯坦州。

表 4-8　各州肉类产量及其变化趋势　　　　（单位：万 t）

州	2000年	2005年	2010年	2015年	2018年	变化趋势
阿拉木图州	9.21	10.86	15.97	18.82	21.68	
东哈萨克斯坦州	7.41	9.12	11.50	14.53	16.50	
南哈萨克斯坦州	5.78	6.84	8.62	11.01	12.65	
卡拉干达州	3.50	5.23	6.25	7.26	7.91	
阿克托别州	3.37	4.00	5.35	6.42	7.34	
阿克莫拉州	4.83	5.06	4.69	5.15	7.27	
江布尔州	2.95	3.78	4.64	5.75	6.90	
北哈萨克斯坦州	4.58	4.61	5.16	5.47	5.56	
科斯塔奈州	10.61	8.08	7.95	5.34	5.49	
巴甫洛达尔州	3.66	3.58	3.83	4.59	5.43	
西哈萨克斯坦州	4.36	3.33	3.77	3.89	4.73	
阿特劳州	1.88	2.11	2.39	2.52	2.66	
克孜勒奥尔达州	1.23	1.46	1.63	1.71	1.89	
曼格斯套州	0.38	0.42	0.47	0.59	0.59	

注：数据来源于哈萨克斯坦统计局网站。

从变化情况来看，2000～2018 年，大多数州蛋类产量有不同程度增加，而东哈萨克斯坦州和克孜勒奥尔达州蛋类产量有所减少。

从不同年份奶类产量的情况来看（表 4-10），东哈萨克斯坦州、阿拉木图州、科斯塔奈州和南哈萨克斯坦州奶类产量一直较高。2000 年和 2005 年阿拉木图州、科斯塔奈州和东哈萨克斯坦州奶类产量位居前列，2010 年、2015 年和 2018 年东哈萨克斯坦州、阿拉木图州和南哈萨克斯坦州奶类产量位居前三。

表 4-9　各州蛋类产量及其变化趋势　　　　（单位：万 t）

州	2000年	2005年	2010年	2015年	2018年	变化趋势
阿拉木图州	2.27	3.01	4.89	5.71	5.99	
阿克莫拉州	0.88	1.24	2.25	3.86	4.68	
北哈萨克斯坦州	0.71	1.16	2.03	3.16	4.26	
卡拉干达州	0.82	1.05	1.68	3.41	3.86	
科斯塔奈州	1.39	1.88	2.73	3.16	3.54	
南哈萨克斯坦州	0.62	1.15	1.44	1.62	1.84	
阿克托别州	0.39	0.60	0.94	0.96	1.20	
巴甫洛达尔州	0.41	0.66	0.96	0.74	1.16	
西哈萨克斯坦州	0.16	0.44	0.70	0.84	0.95	
东哈萨克斯坦州	1.17	1.54	1.37	0.82	0.83	
江布尔州	0.30	0.50	0.63	0.61	0.71	
阿特劳州	0.00	0.01	0.01	0.32	0.63	
克孜勒奥尔达州	0.12	0.19	0.07	0.03	0.04	
曼格斯套州	0.01	0.00	0.00	0.01	0.04	

注：数据来源于哈萨克斯坦统计局网站。

表 4-10　各州奶类产量及其变化趋势　　　（单位：万 t）

州	2000年	2005年	2010年	2015年	2018年	变化趋势
东哈萨克斯坦州	45.10	63.30	71.09	80.33	91.72	
阿拉木图州	53.97	62.06	67.11	69.17	76.32	
南哈萨克斯坦州	38.35	49.95	63.86	71.07	75.42	
北哈萨克斯坦州	42.33	51.36	57.18	50.10	55.59	
卡拉干达州	17.85	28.42	35.63	41.11	47.32	
科斯塔奈州	47.11	56.51	61.96	37.18	40.48	
阿克莫拉州	37.58	44.72	42.51	36.45	39.06	
巴甫洛达尔州	23.96	33.56	34.66	36.04	38.24	
阿克托别州	21.05	26.70	31.81	30.36	32.70	
江布尔州	16.96	24.37	27.41	29.41	31.49	
西哈萨克斯坦州	18.91	21.47	23.30	22.62	23.45	
克孜勒奥尔达州	5.78	6.55	7.76	8.73	9.18	
阿特劳州	3.51	4.85	5.59	6.19	6.30	
曼格斯套州	0.48	0.58	0.74	0.96	1.22	

注：数据来源于哈萨克斯坦统计局网站。

从变化情况来看，2000～2018 年，大多数州奶类产量有不同程度增加，科斯塔奈州和阿克莫拉州奶类产量呈现先升后降的变化特征。

分析不同种类畜禽在各州养殖数量可知（表 4-11），牛的养殖在阿拉木图州、南哈萨克斯坦州和东哈萨克斯坦州分布较多，其中南哈萨克斯坦州养殖数量最多，约 106 万头；羊的养殖主要分布在阿拉木图州、江布尔州和南哈萨克斯坦州，其中南哈萨克斯坦

表 4-11　不同畜禽在各州的养殖情况　　　[单位：万头（只）]

州	牛	羊	猪	马	骆驼	家禽
阿克莫拉州	42.07	52.86	10.47	18.83	0.01	710.56
阿克托别州	46.35	110.37	5.56	12.92	1.74	129.85
阿拉木图州	100.18	344.95	6.03	31.25	0.72	1000.03
阿特劳州	16.63	55.69	0.04	7.87	3.17	44.77
西哈萨克斯坦州	56.85	114.47	2.00	17.99	0.24	141.19
江布尔州	39.29	275.36	1.77	12.70	0.66	150.52
卡拉干达州	52.98	92.96	7.76	30.92	0.14	393.38
科斯塔奈州	45.27	45.16	16.38	11.60	0.02	431.35
克孜勒奥尔达州	32.20	60.68	0.24	13.51	4.53	12.35
曼格斯套州	2.00	39.97	0.01	7.83	6.45	4.42
南哈萨克斯坦州	106.34	423.69	1.53	33.39	2.81	293.47
巴甫洛达尔州	41.00	53.84	6.91	16.68	0.01	157.70
北哈萨克斯坦州	35.48	40.34	15.52	12.34	0.00	451.59
东哈萨克斯坦州	95.08	162.46	6.68	35.99	0.06	388.58

注：数据来源于哈萨克斯坦统计局网站。

州羊的养殖数量最高，约 424 万只；猪的养殖在阿克莫拉州、科斯塔奈州、北哈萨克斯坦州分布较多，其中科斯塔奈州猪的养殖数量最高；马的养殖在各州较为均匀，东哈萨克斯坦州马的养殖数量最高；骆驼的养殖主要分布在阿特劳州、克孜勒奥尔达州、曼格斯套州和南哈萨克斯坦州，其中曼格斯套州骆驼的养殖数量最高；家禽的养殖在阿克莫拉州和阿拉木图州分布较多，其中阿拉木图州家禽的养殖数量最高，约 1000 万只。

4.3　食物消费结构与膳食营养水平

本节主要分析了哈萨克斯坦居民的食物消费与膳食营养结构来源。基于收集整理的食物消费平衡表，通过归纳与对比，对居民消费水平与消费结构方面进行分析与探讨，在此基础上揭示哈萨克斯坦居民食物消费结构与膳食营养水平。

4.3.1　哈萨克斯坦居民主要食物结构

哈萨克斯坦地处欧亚大陆腹地，属于典型的大陆性气候，草原面积辽阔，特别适合畜牧业的发展。哈萨克族原为游牧民族，几千年生活在大草原上的哈萨克人，形成了自己独特的饮食文化。哈萨克族被誉为马背上的民族，饮食热量较高，多以肉食为主，面食为辅，哈萨克斯坦人的主要食物是牛羊肉、奶、面食、蔬菜等，习性和欧洲基本相同，最常喝的饮料是奶茶和马奶，传统食品是牛羊马肉，以及羊奶、马奶、骆驼奶、牛奶及其制品，最流行的菜肴是手抓羊肉，哈萨克语把手抓羊肉叫"别什巴尔马克"，意思是"五指"，即用手来抓着吃，这也是特色美食（韩蓉慧，2014）。最诱人的还是马肠肉，在严冬时节，许多住在北方严寒地区的哈萨克斯坦国民都以食马肉抗寒。

在哈萨克斯坦的饮食结构中，奶类、蛋类和粮食消费较多，其次是蔬菜、肉类和水果，糖类、食用油和水产品消费较少。2000～2018 年，哈萨克斯坦居民不同类型食物消费量变化特征有所差异，除了粮食消费量出现小幅下降外，其他食物类型消费量均呈现波动上升的特征（图 4-23）。从 2018 年来看，哈萨克斯坦居民奶类人均消费量约为 261kg，蛋类约为 194kg，粮食约为 187kg，蔬菜约为 94kg，肉类约为 78kg，水果约为 75kg，糖类、食用油和水产品消费量相对较低。

哈萨克斯坦居民不同季度食物消费结构总体相似（图 4-24），一季度人均奶类消费量最多，约 64kg，其次是粮食和蛋类，分别约 47kg 和 46kg，蔬菜和肉类均约 20kg，水果约 14kg，糖类、食用油和水产品消费较少。二季度奶类、蛋类和蔬菜消费量均略有提高，其他食物类型消费量基本不变。三季度水果和蔬菜的消费量增加明显，水果人均消费量约 30kg，蔬菜约 27kg，其他食物类型消费量基本不变。四季度仍以奶类、蛋类和食物为主，奶类、蔬菜和水果比三季度均有所下降，其他食物类型消费量基本不变。

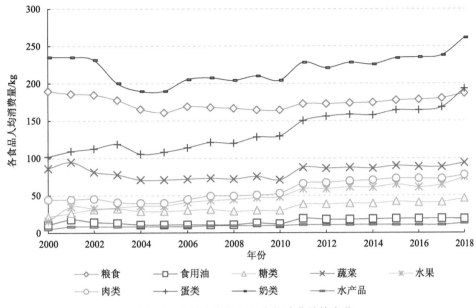

图 4-23　哈萨克斯坦居民食物消费结构变化

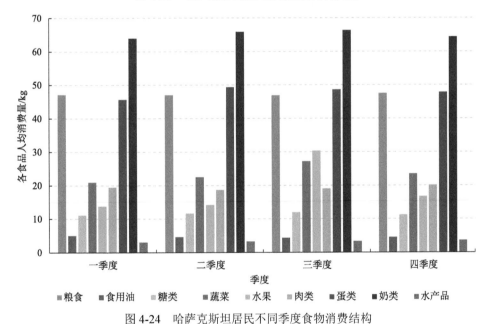

图 4-24　哈萨克斯坦居民不同季度食物消费结构

4.3.2　哈萨克斯坦居民膳食营养来源

能量、蛋白质和脂肪是人体生理活动所必需的三类主要营养素，居民营养素的摄取水平决定于食物消费结构和消费量。

根据哈萨克斯坦居民食物消费数据，对哈萨克斯坦居民热量和蛋白质摄入量进行转换计算得到，哈萨克斯坦居民热量摄入量约为 4108kcal，蛋白摄入量约为 133g。其中，动物性蛋白约占 65%，植物性蛋白约占 35%，植物性食物热量约占 60%，动物性热量约占 40%。从营养素来源看（图 4-25），粮食、肉类和蛋类对热量贡献较多，分别占到 41%、15% 和 13%；蛋白质主要来源于蛋类、粮食、奶类和肉类，分别占到 35%、33%、15% 和 12%。

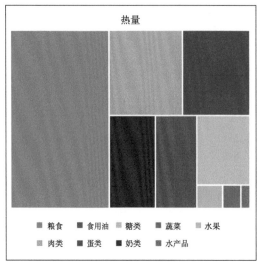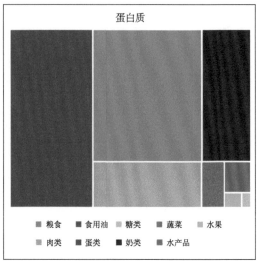

图 4-25　哈萨克斯坦居民热量、蛋白质来源

4.4　土地资源承载力与承载状态

本节主要根据哈萨克斯坦国家、地区及各州粮食产量和肉蛋奶产量，基于人粮平衡和当量平衡，计算哈萨克斯坦多尺度的土地资源承载力及承载状态，分析多尺度土地资源承载力的空间分布格局。

4.4.1　全国尺度土地资源承载力评价

基于人粮关系，计算 1992～2018 年哈萨克斯坦国家尺度的耕地资源承载力与承载状态；通过当量转换，分析 1992～2018 年哈萨克斯坦国家尺度基于热量需求和蛋白质需求的土地资源承载状况，并揭示其变化特征。

1. 基于人粮关系的耕地资源承载力与承载状态

根据哈萨克斯坦居民粮食消费水平以及膳食营养需求结构分析，结合国际公认的粮食安全线，以人均粮食消费 400kg 为标准计算，分析哈萨克斯坦耕地资源承载力。

国家水平上，1992～2018 年，基于人粮平衡的哈萨克斯坦耕地资源承载力呈现先降后升的变化特征，可承载人口数均高于现实人口数，但总体有所下降（图 4-26）。其中，

1992 年哈萨克斯坦耕地资源承载力最高，可承载人口数为 8085.4 万人； 1998 年可承载人口数最低，仅为 1914.6 万人，比 1992 年减少约 76%，但仍高于现实人口数的 1534.9 万人；2018 年可承载人口数为 6020.2 万人，远远高于现实人口数。

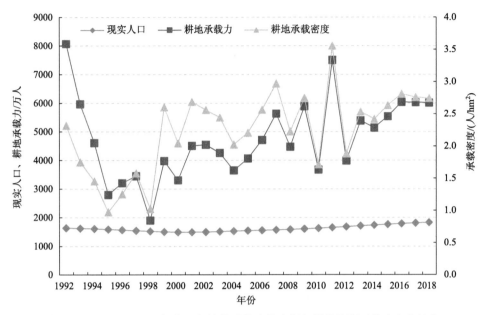

图 4-26　1992～2018 年基于人粮关系的哈萨克斯坦耕地资源承载力变化趋势

1992～2018 年，哈萨克斯坦耕地承载密度呈现先降后升的变化特征，其中，1992 年单位耕地面积上的可承载人口数为 2.3 人/hm^2，2018 年为 2.8 人/hm^2，总体略有增加。

从耕地资源承载状态来看（图 4-27），基于人粮平衡的哈萨克斯坦耕地资源承载状态处于粮食盈余状态，人粮关系良好。1992～2018 年，哈萨克斯坦耕地资源承载指数呈现先升后降的变化特征，其中，1992 年承载指数最低，为 0.20，1998 年承载指数最高，为 0.80，2018 年承载指数为 0.31，耕地资源承载状态多在富裕状态，粮食安全压力较小。

2. 基于当量平衡的土地资源承载力与承载状态

根据哈萨克斯坦居民 1992～2018 年的现实膳食能量消费量，以哈萨克斯坦居民平均每天所需热量 4200kcal、蛋白质 140g 为标准，计算哈萨克斯坦粮食和肉蛋奶等产量所对应的热量值和蛋白质值，进而获得哈萨克斯坦基于热量需求和蛋白质需求的土地资源承载力现状。基于当量平衡的哈萨克斯坦土地资源承载力呈现先降后升的发展态势，可承载人口数均高于现实人口数，但总体有所下降，近五年土地资源承载力稳定增强。

以热量平衡计，1992～2018 年哈萨克斯坦基于热量平衡的土地资源承载力先降后升（图 4-28），1992 年承载力最高，为 8072.6 万人，1998 年最低，为 2096.2 万人，2018 年为 6137.1 万人，普遍高于现实人口。

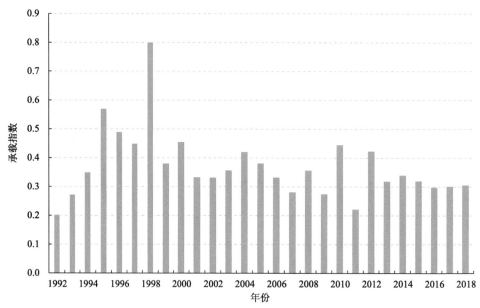

图 4-27　1992~2018 年基于人粮关系的哈萨克斯坦耕地资源承载状态

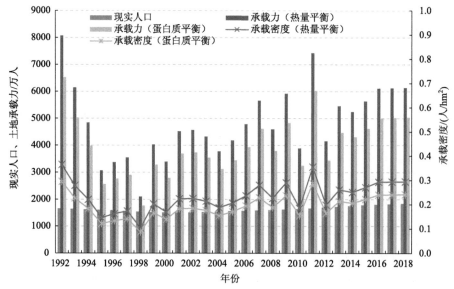

图 4-28　1992~2018 年基于当量平衡的哈萨克斯坦土地资源承载力变化趋势

以蛋白质平衡计，1992~2018 年哈萨克斯坦基于蛋白质平衡的土地资源承载力先降后升，1992 年承载力最高，为 6524.6 万人，1998 年最低，为 1757.4 万人，2018 年为 5037.3 万人，普遍高于现实人口。从土地资源承载密度看，1992~2018 年基于热量平衡和蛋白质平衡的哈萨克斯坦土地资源承载密度均不足 1 人/hm²。

从土地资源承载状态来看（图 4-29），基于当量平衡的哈萨克斯坦土地资源承载状态多处于土地盈余状态，人地关系良好。1992~2018 年，基于热量平衡和蛋白质平衡的哈萨克斯坦土地资源承载指数总体均呈现先升后降的变化特征，1992 年最低，1998 年最高, 2018 年承载指数分别为 0.30 和 0.37。

图 4-29 1992～2018 年基于当量平衡的哈萨克斯坦土地资源承载状态

4.4.2 分地区土地资源承载力评价

基于人粮平衡与当量平衡，计算 2000～2018 年哈萨克斯坦西部地区、北部地区和南部地区的土地资源承载力与承载状态，并分析其承载力与承载状态的变化特征。

1. 西部地区土地资源承载力与承载状态

2000～2018 年西部地区耕地资源承载力大幅波动变化，承载能力不稳定，耕地资源承载状态多处于超载状态，人粮关系紧张（图 4-30）。2000～2018 年西部地区耕地资源承载力在 74.9 万～350.9 万人之间波动，多数年份耕地资源可承载人口低于现实人口，2018 年耕地资源承载力为 211.7 万人。耕地资源承载密度也大幅波动变化，2000～2018 年单位面积耕地资源可承载人口介于 0.5～2.4 人/hm² 之间，2018 年为 1.7 人/hm²。就承载状态而言，2000～2018 年西部地区耕地资源承载指数波动变化，多数年份在 1.0 以上，耕地资源承载力由平衡状态向超载状态变化，粮食安全压力较大。

2000～2018 年基于当量平衡的西部地区土地资源承载力波动变化，总体有所增强，土地资源承载力多处于超载状态，人地关系紧张（图 4-31）。以热量平衡计，2000～2018 年西部地区土地资源承载力在 129.3 万～381.6 万人之间波动，2018 年为 267.2 万人，可承载人口比 2000 年约增加 34.6 万人。以蛋白质平衡计，2000～2018 年西部地区土地资源承载力在 122.6 万～319.4 万人之间波动，2018 年为 233.2 万人，可承载人口比 2000 年约增加 37.1 万人。从土地资源承载密度来看，2000～2018 年基于热量平衡和蛋白质平衡的西部地区土地资源承载力较弱，均不足 0.1 人/hm²。

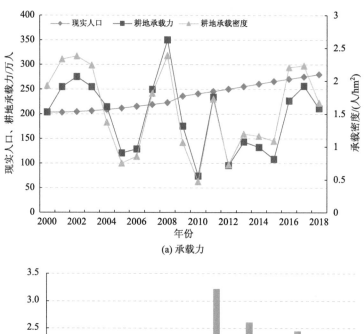

图 4-30 基于人粮关系的西部地区耕地资源承载力与承载状态

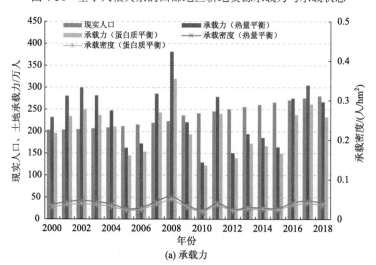

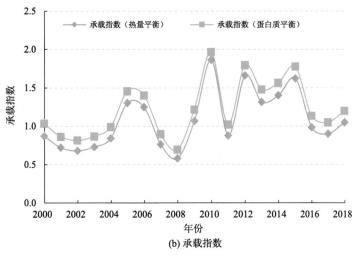

(b) 承载指数

图 4-31　基于当量平衡的西部地区土地资源承载力与承载状态

就土地资源承载状态而言，2000～2018 年西部地区基于热量当量的土地资源承载指数多在 1.0 上下波动，处于临界超载和过载之间；基于蛋白质当量的土地资源承载指数多在 1.0 以上，在临界超载和过载之间变化，人地关系紧张。

2. 北部地区土地资源承载力与承载状态

2000～2018 年北部地区耕地资源承载力波动上升，承载能力在增强，耕地资源承载力多处于盈余状态，人粮关系良好（图 4-32）。2000～2018 年北部地区耕地资源承载力由 2000 年的 2571.2 万人增加到 2018 年的 4722.7 万人，约增加 84%；耕地承载密度呈波动上升趋势，单位面积耕地资源可承载人口由 2000 年的 1.9 人/hm² 增加到 2018 年的 2.6 人/hm² 之间，约增加 35%。就承载状态而言，2000～2018 年北部地区耕地资源承载指数均低于 0.3，耕地资源承载力多在富裕状态，粮食安全压力较小。

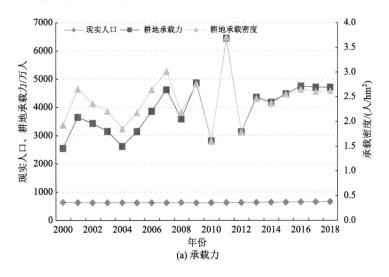

(a) 承载力

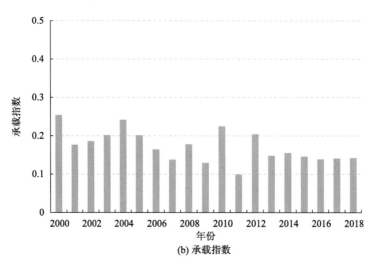

(b) 承载指数

图 4-32　基于人粮关系的北部地区耕地资源承载力与承载状态

　　2000～2018 年基于当量平衡的北部地区土地资源承载力波动上升，承载能力在增强，土地资源承载力多处于盈余状态，人地关系良好（图 4-33）。以热量平衡计，2000～2018 年北部地区土地资源承载力由 2000 年的 2572.2 万人增加到 2018 年的 4658.9 万人，约增加 81%。以蛋白质平衡计，2000～2018 年北部地区土地资源承载力由 2000 年的 2092.1 万人增加到 2018 年的 3782.3 万人，约增加 81%。从土地资源承载密度来看，2000～2018 年基于热量平衡和蛋白质平衡的北部地区土地资源承载力较弱，介于 0.2 人/hm^2 到 0.5 人/hm^2。

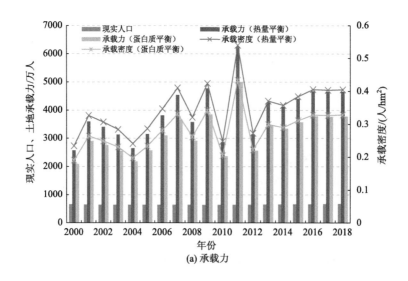

(a) 承载力

(b) 承载指数

图 4-33　基于当量平衡的北部地区土地资源承载力与承载状态

就土地资源承载状态而言，2000～2018 年北部地区基于热量当量的土地资源承载指数均低于 0.3，土地资源承载状态在富裕状态；基于蛋白质当量的土地资源承载指数均低于 0.3，土地资源承载状态在富裕状态，人地关系良好。

3. 南部地区土地资源承载力与承载状态

2000～2018 年南部地区耕地资源承载力波动上升，承载能力在增强，耕地资源承载状态多处于盈余状态，人粮关系良好（图 4-34）。2000～2018 年南部地区耕地资源承载力由 2000 年的 538.9 万人增加到 2018 年的 1085.8 万人，约增加 1 倍。耕地承载密度也呈波动上升趋势，单位面积耕地资源可承载人口由 2000 年的 2.9 人/hm² 增加到 2018 年的 4.1 人/hm² 之间，约增加 43%。就承载状态而言，2000～2018 年南部地区耕地资源承载指数多处于 0.7～1.0 之间，耕地资源承载力多在盈余和平衡有余状态。

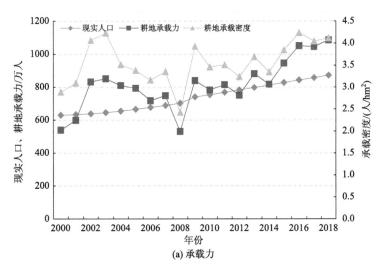

(a) 承载力

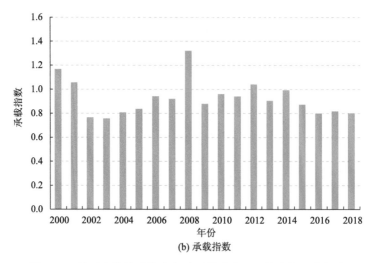

图 4-34　基于人粮关系的南部地区耕地资源承载力与承载状态

2000～2018 年基于当量平衡的南部地区土地资源承载力波动上升，承载能力增强，土地资源承载力多处于平衡有余状态，人地关系总体平衡（图 4-35）。以热量平衡计，2000～2018 年南部地区土地资源承载力由 2000 年的 603.8 万人增加到 2018 年的 1211.1 万人，约增加 1 倍。以蛋白质平衡计，2000～2018 年南部地区土地资源承载力由 2000 年的 513.7 万人增加到 2018 年的 1021.8 万人，约增加 1 倍。从土地资源承载密度来看，2000～2018 年基于热量平衡和蛋白质平衡的南部地区土地资源承载力较弱，介于 0.2～0.4 人/hm^2。

就土地资源承载状态而言，2000～2018 年南部地区基于热量当量的土地资源承载指数多处于 0.7～1.0 之间，土地资源承载力多在盈余和平衡有余状态；基于蛋白质当量的土地资源承载指数多处于 0.8～1.2 之间，土地资源承载力多在平衡有余和临界超载的平衡状态，人地关系总体平衡。

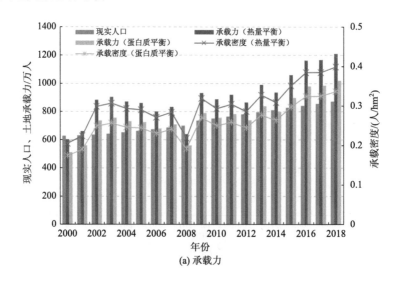

图 4-35　基于当量平衡的南部地区土地资源承载力与承载状态

4.4.3　分州土地资源承载力及承载状态

从人粮关系和人地关系计算了 2000～2018 年哈萨克斯坦的土地资源承载力、承载密度与承载状态，并分析其时空分布格局。

1. 基于人粮关系的分州耕地资源承载力与承载状态

2000～2018 年基于人粮平衡的分州耕地资源人口承载力普遍有所提高（表 4-12）。其中，北哈萨克斯坦州、阿克莫拉州和科斯塔奈州等州耕地资源人口承载力较高。

表 4-12　哈萨克斯坦分州耕地资源承载力及其变化特征　　（单位：万人）

州	2000年	2005年	2010年	2015年	2018年	变化趋势
北哈萨克斯坦州	949.63	995.28	1536.66	1351.56	1265.63	
阿克莫拉州	859.08	795.23	1204.15	1228.68	1242.15	
科斯塔奈州	881.01	922.42	1362.52	1135.01	1079.05	
阿拉木图州	290.54	378.16	427.99	466.33	513.86	
东哈萨克斯坦州	215.90	232.96	249.62	290.04	306.19	
卡拉干达州	165.00	147.54	187.66	247.16	295.79	
巴甫洛达尔州	98.89	129.23	182.33	231.74	285.68	
江布尔州	113.33	172.03	141.45	164.00	234.09	
南哈萨克斯坦州	99.09	137.13	140.98	200.65	216.84	
阿克托别州	130.58	77.93	98.35	81.45	137.34	
克孜勒奥尔达州	63.05	85.78	101.76	107.26	132.23	
西哈萨克斯坦州	72.70	74.38	60.48	69.63	80.80	
阿特劳州	2.56	2.79	2.93	5.38	6.81	
曼格斯套州	0	0	0	0	0	

2000 年，北哈萨克斯坦州耕地资源承载人口最多，为 949.63 万人；其次是科斯塔奈州和阿克莫拉州，耕地资源承载人口超过 800 万人；阿特劳州耕地资源承载人口较少，不足 10 万人。

2018 年较 2000 年，耕地资源承载力总体格局相似，北哈萨克斯坦州耕地资源承载力波动上升，承载人口仍然最多，为 1265.63 万人；其次是阿克莫拉州和科斯塔奈州，耕地资源承载人口也超过 1000 万人。

2000～2018 年耕地资源承载密度各州间差异较大，多数州有所增加（表 4-13）。其中，阿特劳州、克孜勒奥尔达州等州耕地资源承载密度较高。

2000 年，阿特劳州耕地资源承载密度最大，约为 5 人/hm²；克孜勒奥尔达州和阿拉木图州耕地资源承载密度超过 3 人/hm²；其余州耕地资源承载密度均不足 3 人/hm²。

表 4-13　哈萨克斯坦分州耕地资源承载密度及其变化特征　　（单位：人/hm²）

州	2000年	2005年	2010年	2015年	2018年	变化趋势
阿特劳州	5.06	5.19	4.65	7.74	8.47	
克孜勒奥尔达州	5.00	5.76	6.34	6.50	7.31	
阿拉木图州	4.10	4.30	4.79	5.03	5.38	
江布尔州	2.62	3.22	2.88	2.79	3.55	
北哈萨克斯坦州	2.92	2.81	3.42	3.10	2.97	
卡拉干达州	2.04	1.43	1.91	2.39	2.59	
南哈萨克斯坦州	1.69	1.83	2.05	2.56	2.58	
阿克莫拉州	2.38	1.97	2.50	2.56	2.53	
东哈萨克斯坦州	2.32	2.26	2.20	2.23	2.30	
巴甫洛达尔州	1.16	1.37	1.72	2.02	2.22	
科斯塔奈州	2.36	2.38	2.71	2.22	2.10	
阿克托别州	2.29	0.95	1.22	1.46	1.92	
西哈萨克斯坦州	1.52	1.04	0.91	1.45	1.59	
曼格斯套州	0	0	0	0	0	

2018 年较 2000 年，各州耕地资源承载密度大多有不同程度增加或呈波动变化。2018 年阿特劳州耕地资源承载密度最大，约为 8 人/hm²；克孜勒奥尔达州次之，耕地资源承载密度超过 7 人/hm²。

2000～2018 年基于人粮平衡的耕地资源承载状态各州间差异明显（图 4-36），总体而言，北部州耕地资源承载力较高，而西部州则相对较低，多数州承载能力有所提高。

2000 年，7 个州人粮关系良好，主要包括阿克莫拉州、科斯塔奈州、北哈萨克斯坦州、东哈萨克斯坦州、阿克托别州、江布尔州和卡拉干达州（图 4-37）；3 个州人粮关系基本平衡，为克孜勒奥尔达州、阿拉木图州和巴甫洛达尔州；4 个州人粮关系紧张，为西部的阿特劳州、曼格斯套州、西哈萨克斯坦州和南部的南哈萨克斯坦州。

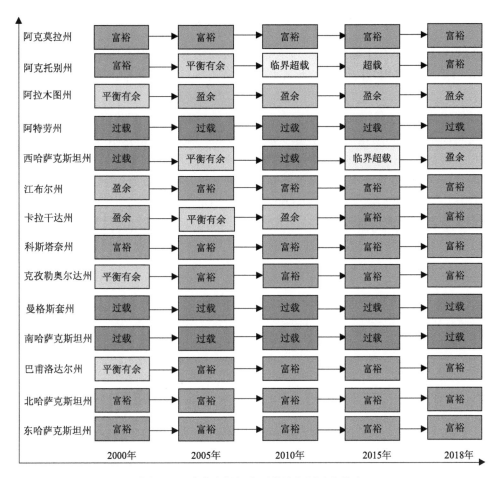

图 4-36　哈萨克斯坦分州耕地资源承载状态

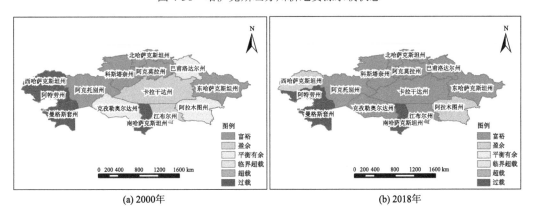

图 4-37　基于人粮平衡的哈萨克斯坦分州耕地资源承载状态空间分布

2018 年较 2000 年,大多州耕地资源承载力有不同程度提高,特别是西哈萨克斯坦州由过载状态变为盈余状态。2018 年,多数州耕地资源承载力处于盈余状态,人粮关系良好;3 个州人粮关系紧张,为南哈萨克斯坦州、阿特劳州、曼格斯套州。

2. 基于热量当量平衡的分州土地资源承载力与承载状态

2000～2018年基于热量平衡的分州土地资源承载力普遍有所提高（表4-14）。其中，北哈萨克斯坦州、阿克莫拉州和科斯塔奈州等基于热量平衡的土地资源人口承载力较高。

2000年，基于热量平衡的北哈萨克斯坦州土地资源承载人口最多，为911.79万人；其次是科斯塔奈州和阿克莫拉州，基于热量平衡的土地资源承载人口超过800万人；阿特劳州、曼格斯套州基于热量平衡的土地资源承载人口较低，均不足10万人。

2018年较2000年，大多州基于热量平衡的土地资源承载力均有不同程度提高，其中阿克莫拉州增加较多，约增加365.69万人。2018年北哈萨克斯坦州基于热量平衡的土地资源承载人口仍然最多，为1216.62万人；其次是阿克莫拉州和科斯塔奈州，基于热量平衡的土地资源承载人口超过1000万人；曼格斯套州基于热量平衡的土地资源承载人口较少，不足3万人。

表 4-14　基于热量平衡的哈萨克斯坦分州土地资源承载力及其变化特征（单位：万人）

州	2000年	2005年	2010年	2015年	2018年	变化趋势
北哈萨克斯坦州	911.79	958.69	1465.46	1292.54	1216.62	
阿克莫拉州	826.51	771.47	1149.60	1172.32	1192.20	
科斯塔奈州	866.38	903.00	1313.95	1085.65	1035.98	
阿拉木图州	319.35	409.13	472.45	516.99	571.85	
东哈萨克斯坦州	240.50	269.22	294.08	342.94	368.08	
卡拉干达州	170.73	163.94	207.59	269.44	319.42	
巴甫洛达尔州	112.22	144.70	195.32	243.50	297.03	
南哈萨克斯坦州	124.47	168.17	182.85	247.68	269.04	
江布尔州	120.52	180.58	155.92	180.56	249.49	
阿克托别州	139.52	95.06	120.05	106.49	161.94	
克孜勒奥尔达州	64.31	86.39	102.05	107.76	131.58	
西哈萨克斯坦州	87.19	87.55	76.86	85.46	98.44	
阿特劳州	8.75	10.17	11.35	14.53	16.54	
曼格斯套州	1.20	1.34	1.54	1.96	2.10	

2000～2018年基于热量平衡的土地资源承载密度各州之间差异较大（表4-15），多数州有所增加。其中，北哈萨克斯坦州和阿克莫拉州基于热量平衡的土地资源承载密度较高。

2000年，北哈萨克斯坦州基于热量平衡的土地资源承载密度最高，接近2人/hm²；其余州基于热量平衡的土地资源承载密度均不足1人/hm²。

2018年较2000年，基于热量平衡的土地资源承载密度大多有所增加。北哈萨克斯坦州基于热量平衡的土地资源承载密度仍然最高，阿克莫拉州次之，其余州土地资源承载密度均不足1人/hm²。

2000～2018 年基于热量平衡的土地资源承载状态各州之间差异明显（图 4-38），总体而言，北部州土地资源承载力较高，而西部和南部州则相对较低，多数州承载状态有所提高。

2000 年，10 个州基于热量当量的人地关系良好，其中阿克莫拉州、阿克托别州、科斯塔奈州、北哈萨克斯坦州和东哈萨克斯坦州土地资源承载力处于富裕状态（图 4-39）；克孜勒奥尔达州基于热量当量的人地关系基本平衡；阿特劳州、曼格斯套州、南哈萨克斯坦州基于热量当量的土地资源人口承载力处于超载状态。

表 4-15　基于热量平衡的哈萨克斯坦分州土地资源承载密度及其变化特征（单位：人/hm²）

州	2000年	2005年	2010年	2015年	2018年	变化趋势
北哈萨克斯坦州	1.74	1.74	2.26	2.03	1.94	
阿克莫拉州	0.82	0.73	1.01	1.03	1.04	
科斯塔奈州	0.54	0.56	0.75	0.62	0.59	
南哈萨克斯坦州	0.28	0.36	0.39	0.52	0.56	
阿拉木图州	0.26	0.33	0.38	0.41	0.45	
克孜勒奥尔达州	0.19	0.25	0.29	0.31	0.37	
巴甫洛达尔州	0.12	0.15	0.20	0.25	0.30	
江布尔州	0.13	0.20	0.17	0.19	0.27	
东哈萨克斯坦州	0.09	0.11	0.11	0.13	0.14	
卡拉干达州	0.04	0.04	0.05	0.06	0.07	
西哈萨克斯坦州	0.06	0.06	0.05	0.06	0.06	
阿克托别州	0.04	0.03	0.04	0.03	0.05	
阿特劳州	0.01	0.01	0.01	0.01	0.01	
曼格斯套州	0.00	0.00	0.00	0.01	0.01	

2018 年较 2000 年，大多州基于热量当量的承载力有不同程度提高，其中克孜勒奥尔达州由人地关系基本平衡变为土地盈余，南哈萨克斯坦州由土地超载变为基本平衡状态。2018 年多数州基于热量当量的人地关系良好，1 个州人地关系基本平衡，阿特劳州、曼格斯套州人地关系紧张，为土地超载状态。

3. 基于蛋白质当量平衡的分州土地资源承载力与承载状态

2000～2018 年基于蛋白质平衡的分州土地资源人口承载力普遍有所提高（表 4-16）。其中，北哈萨克斯坦州、阿克莫拉州、科斯塔奈州和阿拉木图州等州基于蛋白质平衡的土地资源人口承载力较高。

2000 年，基于蛋白质平衡的北哈萨克斯坦州土地资源承载人口最多，为 729.78 万人；其次是科斯塔奈州和阿克莫拉州，基于蛋白质平衡的土地资源承载人口超过 600 万人；阿特劳州、曼格斯套州基于蛋白质平衡的土地资源承载人口较少，不足 10 万人。

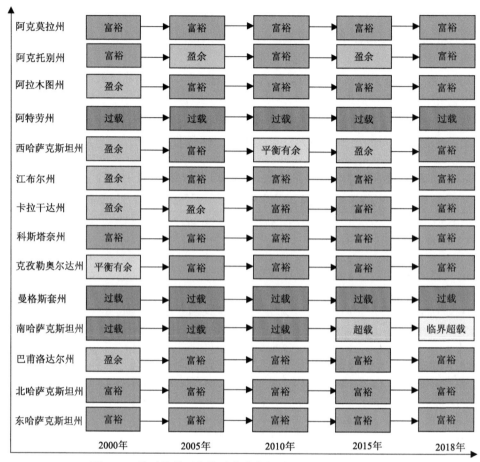

图 4-38 基于热量平衡的哈萨克斯坦分州土地资源承载状态

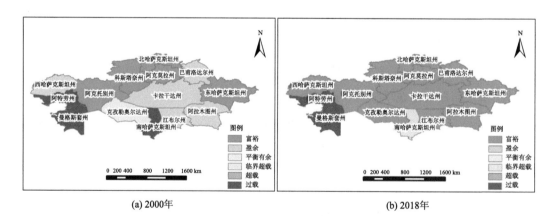

图 4-39 基于热量平衡的哈萨克斯坦分州土地资源承载状态空间分布

表 4-16　基于蛋白质平衡的哈萨克斯坦分州土地资源承载力及其变化特征（单位：万人）

州	2000年	2005年	2010年	2015年	2018年	变化趋势
北哈萨克斯坦州	729.78	770.10	1171.24	1035.16	979.05	
阿克莫拉州	661.64	621.18	919.14	937.81	955.44	
科斯塔奈州	696.36	728.94	1054.72	868.79	831.42	
阿拉木图州	270.44	344.53	398.63	435.44	481.01	
东哈萨克斯坦州	204.09	232.69	254.17	294.25	317.35	
卡拉干达州	140.66	138.83	176.28	229.36	271.21	
巴甫洛达尔州	95.89	124.73	165.30	203.14	246.50	
南哈萨克斯坦州	110.10	148.78	164.90	218.17	236.54	
江布尔州	100.13	149.83	131.55	151.42	206.28	
阿克托别州	116.42	83.54	105.19	94.09	138.69	
克孜勒奥尔达州	52.39	70.07	82.52	87.23	106.08	
西哈萨克斯坦州	74.24	75.83	68.39	75.17	85.74	
阿特劳州	7.83	9.35	10.49	13.69	15.81	
曼格斯套州	1.08	1.21	1.41	1.81	2.05	

2018 年较 2000 年，大多州基于蛋白质平衡的土地资源承载力均有不同程度提高，其中阿克莫拉州增加较多，约增加 293.80 万人。2018 年北哈萨克斯坦州基于蛋白质平衡的土地资源承载人口仍然最多，为 979.05 万人；其次是阿克莫拉州和科斯塔奈州，基于蛋白质平衡的土地资源承载人口超过 800 万人；曼格斯套州基于蛋白质平衡的土地资源承载人口较少，不足 3 万人。

2000～2018 年基于蛋白质平衡的土地资源人口承载密度各州之间差异较大，多数州有所增加（表 4-17）。其中，北哈萨克斯坦州、阿克莫拉州等州基于蛋白质平衡的土地资源承载密度总体较高。

表 4-17　基于蛋白质平衡的哈萨克斯坦分州土地资源承载密度及其变化特征（单位：人/hm²）

州	2000年	2005年	2010年	2015年	2018年	变化趋势
北哈萨克斯坦州	1.40	1.40	1.81	1.63	1.56	
阿克莫拉州	0.65	0.59	0.81	0.83	0.84	
南哈萨克斯坦州	0.24	0.32	0.35	0.46	0.49	
科斯塔奈州	0.43	0.45	0.60	0.49	0.47	
阿拉木图州	0.22	0.28	0.32	0.35	0.38	
克孜勒奥尔达州	0.15	0.20	0.24	0.25	0.30	
巴甫洛达尔州	0.10	0.13	0.17	0.21	0.25	
江布尔州	0.11	0.16	0.14	0.16	0.22	
东哈萨克斯坦州	0.08	0.09	0.10	0.11	0.12	
西哈萨克斯坦州	0.05	0.05	0.04	0.05	0.06	
卡拉干达州	0.03	0.03	0.04	0.05	0.06	
阿克托别州	0.04	0.03	0.03	0.03	0.04	
阿特劳州	0.01	0.01	0.01	0.01	0.01	
曼格斯套州	0.00	0.00	0.00	0.00	0.01	

2000 年，北哈萨克斯坦州基于蛋白质平衡的土地资源承载密度较高，超过 1 人/hm²；其余州基于蛋白质平衡的土地资源承载密度均不足 1 人/hm²。

2018 年较 2000 年，基于蛋白质平衡的土地资源承载密度大多州有不同程度增加。2018 年北哈萨克斯坦州基于蛋白质平衡的土地资源承载密度最高，为 1.56 人/hm²，其余州土地资源承载密度均不足 1 人/hm²。

2000～2018 年基于蛋白质平衡的土地资源承载状态各州之间差异明显（图 4-40），总体而言，北部州土地资源承载力较高，而西部州则相对较低，多数州承载状态有所提高。

2000 年，5 个州基于蛋白质当量的人地关系良好，包括阿克莫拉州、科斯塔奈州、北哈萨克斯坦州、阿克托别州和东哈萨克斯坦州（图 4-41）；5 个州基于蛋白质当量的人地关系基本平衡，为阿拉木图州、西哈萨克斯坦州、江布尔州和巴甫洛达尔州和卡拉干达州，其余州处于土地资源超载状态。

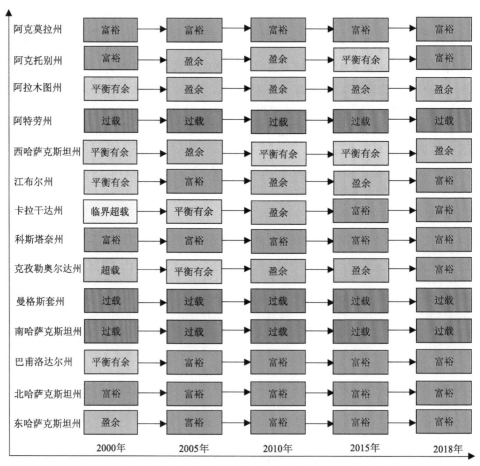

图 4-40 基于蛋白质平衡的哈萨克斯坦分州土地资源承载状态

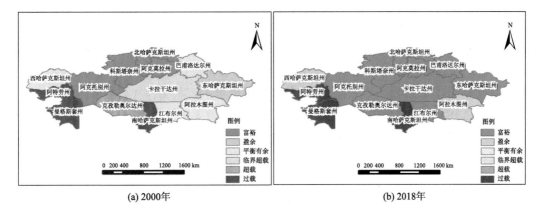

(a) 2000年   (b) 2018年

图 4-41 基于蛋白质平衡的哈萨克斯坦分州土地资源承载状态空间分布图

2018 年较 2000 年，大多州基于蛋白质当量的承载力有不同程度提高，其中克孜勒奥尔达州提升明显，承载状态由超载变为富裕。2018 年 11 个州基于蛋白质当量的人地关系良好，只有南哈萨克斯坦州、阿特劳州、曼格斯套州人地关系紧张，处于土地超载状态。

4.5 土地资源承载力提升策略与增强路径

通过分析哈萨克斯坦土地资源供给能力和居民食物消费特征，在评价其土地资源承载力及承载状态的基础上，结合当地社会经济发展情况，剖析土地资源利用存在的问题，并提出相应的土地资源承载力提升策略与增强路径。

4.5.1 存在的问题

1. 耕地资源空间分布不均，粮食生产不稳定

哈萨克斯坦地广人稀，可耕地面积广，人均耕地面积世界排名第二，耕地资源相对富裕，但耕地资源空间分布不均。北部的平原和南部的山间河谷地带耕地较多，有成片的耕地资源分布；中部广阔的哈萨克丘陵地区和西部图兰低地耕地资源较少，只有零星的耕地分布；州域之间耕地资源占有量差异极大，北哈萨克斯坦州、阿克莫拉州、科斯塔奈州、巴甫洛达尔州、阿拉木图州、东哈萨克斯坦州和南哈萨克斯坦州耕地资源分布较多，其他州耕地资源分布较少。

哈萨克斯坦虽然是粮食生产和出口大国，但粮食生产极不稳定，独立以来粮食产量年际之间差异较大，大幅波动，近几年出现稳定增长但未恢复独立前的生产水平。哈萨克斯坦粮食单产水平较低，单位面积耕地粮食产量约 $1t/hm^2$，低于世界平均水平，耕地生产力水平低下，耕地生产能力有待进一步挖掘。

2. 草地资源丰富，畜牧业生产能力待提高

哈萨克斯坦是典型的草原畜牧业国家，草地面积约占国土总面积的 60%，草地资源丰富，在辽阔的天然草地、荒漠和半荒漠上生长着各种牧草，天然饲料资源丰富，很多地区可做季节性牧场或全年牧场，为畜牧业发展提供了有利条件（周振勇等，2018）。然而哈萨克斯坦的草地资源并未有效利用，生产的肉禽蛋奶等畜牧产品不能完全满足本国消费需求，部分肉禽蛋奶等畜牧产品仍需进口，独立之初畜牧业生产发生了较大倒退，虽然进入 21 世纪后开始改善，但牛、羊、猪、家禽等主要畜禽养殖数量均未恢复到独立前的水平，畜牧业生产能力尚未充分挖掘，有待进一步提高。

3. 土地资源承载力不均衡，土地生产能力较弱

哈萨克斯坦人粮关系和人地关系良好，土地资源可承载人口远高于现实人口，但由于土地资源分布不均的影响，导致各州承载力水平差距较大。北哈萨克斯坦州、阿克莫拉州、科斯塔奈州等州土地资源人口承载力较高；曼格斯套州等州土地资源人口承载力较低。而从承载密度来看，各地区各州地均土地资源人口承载力均处于较低水平，单位面积土地可承载人口普遍低于 1 人/hm^2，土地生产能力较弱，土地资源生产潜力有待充分开发。

4. 农业生产投入不足，农业科技相对落后

粮食生产的提高依靠种植面积的扩大，同时也取决于农业科技的投入和农业生产技术的应用，如优良品种、杀虫剂、农业机械以及灌溉技术的使用，这些都需要大量的资金投入。在苏联时代，哈萨克斯坦作为"苏联粮仓"，其农业在苏联计划经济体系中占有重要地位，大量的苏联政府资金和财政补贴用于支持农业生产。但随着苏联的解体，哈萨克斯坦农业的地位急剧下降，独立之后，哈萨克斯坦的财政预算急剧减少，政府对农业的资金支持大幅削减，农业机械和设备无法得到及时维护与保养，大量农业机械无法正常使用，哈萨克斯坦农业发展出现倒退（陈东杰，2017；贾惠婷，2018）。进入 21 世纪以后，哈萨克斯坦国家经济形势好转，并实施振兴农业计划，开始加大对农业的财政投入，农业呈现出复苏的势头，但在主要的农业数据方面仍未恢复到独立之前的水平，农业基础设施相对落后，生产设备更新缓慢，农业机械化程度滞后，严重影响了哈萨克斯坦农业生产发展。

5. 农业生产方式粗放，土地退化严重

哈萨克斯坦畜牧业集约化程度低，以小规模散养为主，畜产品生产主体仍然是个体（或家庭）养殖，生产方式粗放，多采用传统的放养模式，生产效率低下。哈萨克斯坦 90%以上的肉、奶、毛均由个体经济和小农场主生产，而大型农牧企业集约化程度不高，其产品在市场占有的份额非常低（古丽孜议娜等，2013），以小规模散养经济为主的畜牧业，既不利于降低生产成本，也难以抵御各种风险，制约了畜牧业的发展。长期以来，哈萨克斯坦牧民对草地资源不合理利用和超载放牧，干旱半干旱地区土地被大量开垦种

植，造成土地退化现象十分严重，生态环境也出现恶化，已成为制约农业及社会经济可持续发展的重要因素（张丽萍等，2013）。

4.5.2　提升策略与增强路径

1. 保证耕地数量，稳定粮食生产

从土地利用变化情况，结合土地承载力时间变化分析可以看出，耕地面积的增减直接影响粮食产量进而影响土地承载力的变化，所以稳定耕地面积，提高耕地质量可以有效增强土地资源承载力。从发展现状看，苏联解体后，哈萨克斯坦耕地数量迅速萎缩，大量耕地撂荒，虽然 21 世纪后耕地面积开始波动增长，但是耕地数量远未恢复到独立前的水平，拥有大量可开垦的荒地。因此，哈萨克斯坦有必要充分利用可耕种土地资源，增加耕地数量，保证粮食作物播种面积，稳定粮食生产。

2. 保护草地资源，发展现代化畜牧业

哈萨克斯坦拥有丰富的草地资源，但传统的畜牧业生产模式造成草地资源退化严重，因此需要通过加强牧草品种选育、改良牧场、建立自然资源保护区维护生物多样性、建立针对性的荒漠植被资源保护区等多种措施保护和利用草地资源，为畜牧业可持续发展提供基础。哈萨克斯坦当前的畜牧业生产方式并未充分发挥国内资源的潜力，也不能完全满足本国居民的畜牧类产品消费需求，哈萨克斯坦未来需要加强饲料基地建设与饲料生产能力，大力发展规模化养殖和产业化经营，提高集约化水平，健全家畜良种体系，加大本土品种改良步伐，更新和完善畜牧业设备推动机械化标准化生产，普及畜牧知识培养专业化人才，提高畜牧兽医服务水平和能力（古丽孜议娜等，2013），从而推动畜牧业现代化，进一步提高畜牧业生产能力和国际竞争力水平。

3. 发挥资源优势，加强农业生产资金投入

哈萨克斯坦拥有广袤的土地和丰富的耕林草资源，地形起伏较小，多平原和低地，且地处北温带，光、热及水资源也能够满足农业生产的需要，具有较好的农业发展自然条件。苏联时代，受益于苏联政府的资金投入和财政补贴，哈萨克斯坦农业资源优势得到较好发挥，农业是其最重要的经济部门，也是出口的重要部门。苏联解体后哈萨克斯坦经济出现困难，农业生产资金投入大幅萎缩，虽然本世纪以来这种状况有所好转，但资金短缺问题依然突出，生产资金投入不足一直是限制农业科技进步和农业资源充分发挥的重要因素。近年来哈萨克斯坦经济发展较快，油气产业是国民经济的支柱产业，政府收入严重依赖于石油和天然气出口，这就导致哈萨克斯坦的财政收入受国际油气市场价格的波动影响较大，加剧了农业财政资金投入的不稳定性。除了财政补贴之外，哈萨克斯坦政府要支持社会资本投入农业生产，鼓励商业银行降低农业贷款利率，特别是针对小规模农场主和个体种植养殖户的贷款，同时在充分考虑风险的前提下适当吸引境外资金投资农业生产。

4. 加强基础设施建设，改善流通条件

独立后，哈萨克斯坦继承自苏联时期的农业基础设施老化严重，基本处于淘汰状态，由于资金匮乏，无法及时更新完善农业基础设施，补充新的农业生产机械设备，严重限制了农业发展。哈萨克斯坦铁路网密度极低、公路设施整体落后、物流体系不完善，受制于交通、运输等方面的条件，农产品特别是畜牧类产品国内流通不畅，较难运送到边远地区，大部分地区多是自产自销，一定程度上制约了农产品市场的发展。因此，哈萨克斯坦政府要兴修电力水利工程，加强农田和畜牧业基础设施建设，更新农业机械设备，改善交通运输条件，加大铁路网、公路网建设，大力发展现代化的多功能和多式联运交通物流中心，逐步加大通信、信息化建设。

5. 加大农业科技投入，加强与国际的农业合作

科技对于农业生产力的提高作用重大，哈萨克斯坦低投入、粗放型的农业生产方式导致粮食单产水平低、肉禽蛋奶等畜牧产品供给不足，所以要加大农业科技投入，为农业的发展注入活力，通过技术手段充分利用土地资源，提高农业生产效率。随着经济形势的好转，哈萨克斯坦政府对农业科技的资金投入力度也越来越大，特别是对畜牧科研的支持，重视畜牧人才队伍建设。

以绿色丝绸之路建设发展为重要契机，加强与周边国家的国际合作，开展农产品贸易往来，发挥本国优势，促进农业要素有序流动与农业资源高效配置，推动各国实现经济互利共赢发展。强化与周边国家在农业投资、农业科技、农业人才等方面的全方位合作，不断提升土地资源生产能力，增强农业发展韧性与资源利用可持续性。

4.6 本章小结

本章基于哈萨克斯坦土地资源利用现状及其变化，从供需层面分析了哈萨克斯坦的农业生产能力与食物消费结构和膳食营养水平，在此基础上，揭示了不同空间尺度下哈萨克斯坦基于人粮平衡和当量平衡的土地资源承载力与承载状态，并探讨其土地利用可能存在的问题，提出土地资源承载力提升策略与增强路径。主要结论如下：

（1）哈萨克斯坦土地资源利用以草地为主，其次是耕地，草地主要分布在中部广阔的哈萨克丘陵，耕地主要分布在北部的平原和南部的山间河谷。

（2）1992～2018年，哈萨克斯坦粮食产量总体呈现先降后升的变化特征，期间有较大的波动，农作物中谷物和豆类产量最高；哈萨克斯坦肉蛋奶产量差异显著，总体均呈现先降后升的变化特征，奶类产量最高；不同地区间农业生产能力差异较大，北部地区粮食和肉蛋奶产量相对较高。

（3）在哈萨克斯坦的饮食结构中，奶类、蛋类和粮食消费较多，其次是蔬菜、肉类和水果。2000～2018年，哈萨克斯坦粮食消费量有所下降，其他食物类型消费量均波动上升。

（4）1992～2018 年，基于人粮平衡和当量平衡的哈萨克斯坦土地资源承载力呈先降后升的变化特征，可承载人口数高于现实人口数，人地关系较好，地均土地资源承载能力较为有限，且各区域间差异显著。

（5）哈萨克斯坦未来发展中应注意保证耕地数量以稳定粮食生产，保护草地资源以发展现代化畜牧业，并且通过加强农业生产投入、基础设施建设和国际合作等措施，不断提升土地资源承载能力。

参 考 文 献

陈百明. 1992. 中国土地资源生产能力及人口承载量研究. 北京: 中国人民大学出版社.

陈东杰. 2017. 哈萨克斯坦农业发展历程刍议. 西安财经学院学报, 30(1): 39-45.

封志明. 1994. 土地承载力研究的过去、现在与未来. 中国土地科学, 8(3): 1-9.

封志明, 杨艳昭, 闫慧敏, 等. 2017. 百年来的资源环境承载力研究: 从理论到实践. 资源科学, 39(3): 379-395.

封志明, 杨艳昭, 张晶. 2008. 中国基于人粮关系的土地资源承载力研究: 从分县到全国. 自然资源学报, 23(5): 865-875.

古丽孜议娜, Shynybaev D, Hadyken R, 等. 2013. 哈萨克斯坦畜牧业生产概况及发展趋势. 草食家畜, (6): 13-19.

韩蓉慧. 2014. 中国哈萨克族和哈萨克斯坦哈萨克族饮食文化异同对比. 乌鲁木齐: 新疆师范大学.

郝庆, 邓玲, 封志明. 2019. 国土空间规划中的承载力反思: 概念、理论与实践. 自然资源学报, 34(10): 2073-2086.

贾惠婷. 2018. 哈萨克斯坦独立以来农业发展状况及其前景. 世界农业, (6): 163-169.

李海涛, 李明阳. 2020. 基于能值的哈萨克斯坦可持续发展评价. 自然资源学报, 35(9): 2218-2228.

张丽萍, 李学森, 兰吉勇, 等. 2013. 哈萨克斯坦草地资源现状与保护利用. 草食家畜, (3): 64-67.

张宁. 2014. 哈萨克斯坦的粮食安全现状. 欧亚经济, (1): 73-89.

周振勇, 李红波, 张杨. 2018. 哈萨克斯坦畜牧业现状调研与需求分析. 中国草食动物科学, 38(5): 58-61.

Schierhorn F, Hofmann M, Adrian I, et al. 2020. Spatially varying impacts of climate change on wheat and barley yields in Kazakhstan. Journal of Arid Environments, 178: 104164.

Sun T, Feng Z M, Yang Y Z, et al. 2018. Research on Land Resource Carrying Capacity: Progress and Prospects. Journal of Resources and Ecology, 9(4): 331-340.

第 5 章　水资源承载力评价与区域调控策略

本章利用哈萨克斯坦遥感数据和统计资料，对哈萨克斯坦水资源从供给侧（水资源可利用量）和需求侧（用水量）两个角度进行分析和评价，计算哈萨克斯坦各州水资源可利用量、用水量等；在此基础上，建立水资源承载力评估模型，对哈萨克斯坦各州水资源承载力及承载状态进行评价；最后，对不同未来技术情景下水资源承载力进行分析，实现对哈萨克斯坦水资源安全风险预警，并根据哈萨克斯坦主要存在的水资源问题提出相应的水资源承载力增强和调控策略。

5.1　水资源基础及其供给能力

本节从水资源供给端对哈萨克斯坦水资源基础和供给能力进行分析和评价，是对哈萨克斯坦水资源本底状况的认识，包括哈萨克斯坦的主要河流水系的介绍，水资源承载力评价的分区，降水量、水资源量、水资源可利用量等数量的评价和分析。本节用到的降水数据来源于 MSWEP v2 降水数据集（Beck et al., 2017）；水资源量的数据是根据 Yan 等（2019）的方法计算所得；水资源可利用量是根据当地的经济和技术发展水平、生态环境需水量、汛期不可利用水资源量等推算得到的。

5.1.1　河流水系与分区

哈萨克斯坦位于欧亚大陆中部，领土横跨亚欧两洲，以乌拉尔河为洲界，西北部有临近里海的图兰平原，东南部是古城阿拉木图为核心的泛帕米尔高原，在北部，哈萨克丘陵与西西伯利亚平原南缘连接在一起。

哈萨克斯坦是绿色丝绸之路最主要的共建国，已成为重要建设枢纽。哈萨克斯坦和我国之间有着漫长的共同国界，也存在众多的跨境河流。哈萨克斯坦水资源形式丰富多样，既有河流、湖泊，也有冰川。

哈萨克斯坦共有近 8.5 万条河流，100km 以上的有 228 条。主要河流有额尔齐斯河、锡尔河、伊希姆河、乌拉尔河和伊犁河等。哈萨克斯坦河流均属于两大水系，分别为北冰洋水系和内流水系，其中大多数河流为内流水系，额尔齐斯河及其支流伊希姆河属于北冰洋水系。

哈萨克斯坦拥有约 4.8 万个湖泊，100km² 以上的大型湖泊有 21 个，主要有巴尔喀什湖、阿拉湖、斋桑泊、田吉兹湖和马尔卡科尔湖等，占全部湖泊面积的 60%。另外还有两个具有海洋特征的超大型跨境湖泊，分别是里海和咸海。

哈萨克斯坦有 2724 条冰川，面积为 2033km²。主要分布在哈萨克斯坦南部的北天山山脉和准噶尔-阿拉套山脉等地。

哈萨克斯坦国土面积为 272.49 万 km²，本次水资源承载力评价以 14 个州（直辖市数据合并至邻近州）为评价基本单元，对哈萨克斯坦进行全国及分州尺度的评价。

5.1.2　水资源数量

本节对哈萨克斯坦降水量、径流量、水资源量、水资源可利用量时空分布进行评价，厘清哈萨克斯坦水资源基础和供给能力是开展哈萨克斯坦水资源承载力评价的关键基础和重要内容。

1. 降水

1）全国大部分地区干旱少雨

哈萨克斯坦属于典型的干旱大陆性气候，夏季炎热干燥，冬季寒冷少雪，北方冬季严寒且漫长。哈萨克斯坦北部的自然条件与俄罗斯中部及英国南部相似，南部的自然条件与外高加索及南欧的地中海沿岸国家相似。这里既有低于海平面几十米的低地，又有巍峨的高山山脉，山顶的积雪和冰川长年不化。全国多年平均降水为 226.4mm，绝大部分地区年降水量少于 250mm，里海、咸海、巴尔喀什湖沿岸地区和哈萨克斯坦中部最为干旱，荒漠地区降水量少于 100mm。如图 5-1 所示，北部自然环境较为湿润，降水量为 250～500mm；西南部属图兰低地和里海沿岸低地，为半荒漠和荒漠地区，降水量在

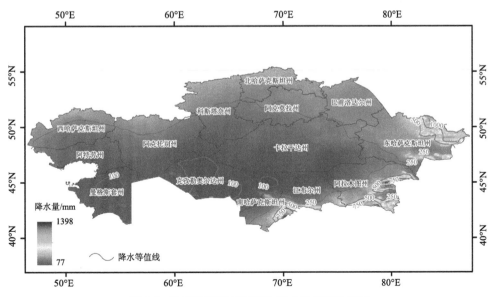

图 5-1　哈萨克斯坦多年平均降水量空间分布图

250mm 以下，部分荒漠地带降水不足 100mm；中、东部属哈萨克丘陵，东缘多山地，山区降水达 1000mm 以上。表 5-1 是对哈萨克斯坦全国和各州多年平均降水量的统计，降水最多的州为东哈萨克斯坦州，多年平均降水为 383.6mm；其次为阿拉木图州和北哈萨克斯坦州，降水量分别为 356.7mm 和 302.4mm。降水最少的州为西南部的克孜勒奥尔达州和曼格斯套州，降水量分别为 104.1mm 和 107.2mm。

表 5-1　哈萨克斯坦各州多年平均降水量统计

州	降水量/mm	降水量/亿 m³
阿拉木图	356.7	790.82
阿克莫拉	248.2	364.98
阿克托别	188.2	567.86
阿特劳	148.2	173.97
东哈萨克斯坦	383.6	1073.41
曼格斯套	107.2	178.05
北哈萨克斯坦	302.4	298.98
巴甫洛达尔	272.2	340.54
卡拉干达	164.2	705.61
科斯塔奈	239.4	481.42
克孜勒奥尔达	104.1	238.70
南哈萨克斯坦	266.0	308.22
西哈萨克斯坦	235.4	364.68
江布尔	207.4	291.00
全国	226.4	6178.24

2）不同区域年内降水特征差异很大

全国来看，哈萨克斯坦 5~7 月降水多，1~2 月和 9 月降水少（图 5-2）。从空间上看，哈萨克斯坦不同区域年内降水特征差异很大；东部州如阿拉木图州和东哈萨克斯坦州 4~7 月降水多，1~2 月和 9 月降水少，降水最少的月份降水也超过 14mm；中部的卡拉干达州和阿克托别州年内降水分布与东部地区相似，但月平均降水仅为约东部的一半；西南部的曼格斯套和克孜勒奥尔达全年降水较少，月平均降水不足 10mm，降水最多的月份仅有 15mm 左右，降水最少的月份不足 4mm；北部州如北哈萨克斯坦州和巴甫洛达尔州 2 月降水最少，2~7 月降水逐步增多，7 月降水达到最多，8 月至次年 2 月降水逐步减少（表 5-2）。

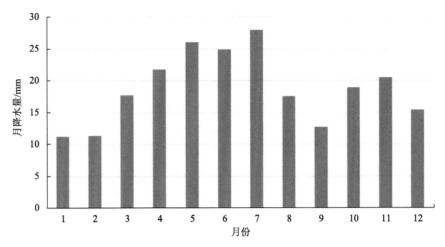

图 5-2　哈萨克斯坦降水年内分布

表 5-2　哈萨克斯坦各州多年平均月降水量

州	月降水量/mm											
	1 月	2 月	3 月	4 月	5 月	6 月	7 月	8 月	9 月	10 月	11 月	12 月
阿拉木图	16.1	16.0	28.1	40.7	48.5	41.0	38.7	21.8	18.9	30.7	33.2	23.0
阿克莫拉	6.2	6.5	12.2	17.6	28.6	35.3	49.2	28.7	17.3	19.8	15.5	11.4
阿克托别	11.2	10.5	18.1	19.6	22.8	19.5	16.6	12.3	9.4	16.8	16.9	14.7
阿特劳	8.7	7.9	11.6	17.7	19.7	15.0	11.4	8.4	8.8	14.3	14.8	10.0
东哈萨克斯坦	14.1	13.5	20.0	30.4	44.1	48.2	59.5	36.4	24.8	33.1	36.6	22.7
曼格斯套	6.7	6.4	13.2	15.5	13.8	10.3	6.0	3.8	5.9	7.5	9.7	8.5
北哈萨克斯坦	8.7	6.9	12.5	20.4	29.4	42.6	60.6	42.1	23.9	23.3	19.1	13.2
巴甫洛达尔	9.0	8.2	11.7	16.2	25.4	38.3	59.7	35.3	18.1	20.3	17.4	12.6
卡拉干达	7.1	8.5	13.3	15.4	20.7	18.0	22.1	11.8	7.6	13.9	15.1	10.6
科斯塔奈	8.9	8.6	15.4	17.9	26.9	29.4	37.9	25.8	16.3	20.7	17.4	14.2
克孜勒奥尔达	8.9	9.3	15.0	13.1	10.0	5.9	3.9	3.7	2.7	7.0	13.4	11.2
南哈萨克斯坦	28.6	33.3	40.7	36.3	24.4	8.6	5.5	2.4	3.5	16.9	32.2	33.7
西哈萨克斯坦	16.4	13.2	16.7	21.8	22.4	24.6	20.5	17.0	19.9	23.5	21.3	18.0
江布尔	14.8	18.0	26.0	27.9	24.8	14.7	8.7	5.8	6.2	17.8	24.7	18.0
全国	11.3	11.4	17.8	21.8	26.1	24.9	28.0	17.6	12.7	18.9	20.5	15.5

2. 水资源量

地表水资源量是指河流、湖泊等地表水体中由当地降水形成的、可以逐年更新的动态水量，用天然河川径流量表示。浅层地下水是指赋存于地面以下饱水带岩土空隙中参与水循环的、和大气降水及当地地表水有直接补排关系且可以逐年更新的动态重力水。水资源总量由两部分组成：第一部分为河川径流量，即地表水资源量；第二部分为降水入渗补给地下水而未通过河川基流排泄的水量，即地下水与地表水资源计算之间的不重复计算水量。一般来说，不重复计算水量占水资源总量的比例较少，加之地下水资源量测算较为复杂且精度难以保证，因此本书在统计哈萨克斯坦水资源量时，忽略地下水与地表水资源的不重复计算水量。

1）水资源匮乏，水资源压力大

哈萨克斯坦干旱少雨，全国平均产水系数（水资源量与降水量的比值）仅有 0.08，水资源量也很匮乏，为 491.5 亿 m^3。图 5-3 表示 10 km×10 km（即 100 km^2）空间精度的水资源量分布，哈萨克斯坦大部分地区水资源匮乏，东部和东南部山区水资源相对较多，西南部水资源非常少。东部的阿拉木图州和东哈萨克斯坦产水系数最高，分别为 0.20 和 0.19，对应的水资源量也最多，分别为 159.5 亿 m^3 和 199.9 亿 m^3。西部的曼格斯套和南部的克孜勒奥尔达产水系数最低，仅为 0.001，对应的水资源量也最低，分别为 0.1 亿 m^3 和 0.3 亿 m^3（表 5-3）。

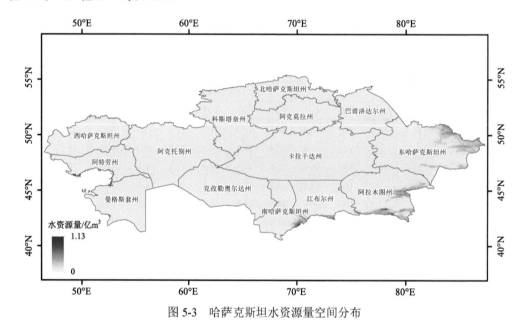

图 5-3　哈萨克斯坦水资源量空间分布

表 5-3　哈萨克斯坦各州的产水系数、水资源量和人均水资源量

州	产水系数	水资源量/亿 m^3	人均水资源量/m^3
阿拉木图	0.202	159.5	4514
阿克莫拉	0.034	12.3	785
阿克托别	0.009	5.0	602
阿特劳	0.002	0.4	74
东哈萨克斯坦	0.186	199.9	15006
曼格斯套	0.001	0.1	22
北哈萨克斯坦	0.048	14.2	2663
巴甫洛达尔	0.023	7.9	1101
卡拉干达	0.016	11.3	864
科斯塔奈	0.022	10.8	1313

续表

州	产水系数	水资源量/亿 m³	人均水资源量/m³
克孜勒奥尔达	0.001	0.3	38
南哈萨克斯坦	0.122	37.6	1325
西哈萨克斯坦	0.009	3.4	574
江布尔	0.099	28.8	2719
全国	0.080	491.5	2887

从人均水资源量上看，哈萨克斯坦全国人均水资源量为 2887m³。人均水资源量区域差异较大，东部的东哈萨克斯坦州和阿拉木图州人均水资源量较多，分别为 15006m³ 和 4514m³。中部和西部州人均水资源量较低，人均水资源量不足 100m³ 的州有 3 个，分别为曼格斯套、克孜勒奥尔达和阿特劳，人均水资源量分别为 22m³、38m³ 和 74m³。根据 Falkenmark（1989）定义的水资源压力指数，人均水资源量低于 1700 m³ 时为轻微水资源压力，人均水资源量小于 1000 m³ 时为中等水资源压力，人均水资源量小于 500 m³ 时为严重水资源压力。根据该指标，哈萨克斯坦西部和中部地区存在水资源压力，西南部的曼格斯套州、克孜勒奥尔达州和阿特劳州存在严重水资源压力。

2）不同来源水资源存在不同风险

从水源来看，哈萨克斯坦境内水资源主要分为湖泊、冰川、地下水资源三类。地表水中（湖泊、河流），一部分源自邻国，哈萨克斯坦水资源总量中，本土水资源量占 56%，境外流入 44%。1960s～2010s，受气候变化影响，哈萨克斯坦冰川已经融化了 60%，气候学家预测，按照目前速度，2050 年前哈萨克斯坦冰川有可能全部融化，届时哈萨克斯坦乃至整个中亚地区都将遭受严重的生态灾难。

地下水是哈萨克斯坦的战略资源，可以分为两种类型：潜水和承压水。潜水是靠近地表的地下水，位于第一层隔水岩之上，可自由流动，其水平高度取决于季节和气候变化。但由于总量有限，潜水无法满足经济发展的需要。一般而言，承压水被视作是更具潜力的淡水来源。据统计，哈萨克斯坦有 70 多处自流盆地和自流斜地，相当于 70 个巴尔喀什湖。目前，哈萨克斯坦已经开始大规模开发地下承压水，近年来，政府还用地下水灌溉了 1 亿 hm² 牧场和 5 万 hm² 耕地。由于承压水补给困难，超采后难以恢复。

3. 水资源可利用量

地表水资源可利用量是指在可预见的时期内，在统筹考虑河道内生态环境和其他用水的基础上，通过经济合理、技术可行的措施，可供河道外生活、生产、生态用水的一次性最大水量（不包括回归水的重复利用）。

1）水资源可利用率较低

哈萨克斯坦河流湖泊众多，冰川、地下水分布较广，与其他中亚国家相比，水资源相对较多，但哈萨克斯坦水资源可利用率较低，全国平均水资源可利用率约为 17.9%（表 5-4）。西部州水资源可利用率较低，约为 10%～15%，如阿克托别州、阿特劳州和西哈萨克斯坦州水资源可利用率分别为 10.7%、12.5% 和 13.2%。哈萨克斯坦北部地区水资源可利用率相对较高,水资源可利用率最高的几个州分别为巴甫洛达尔、北哈萨克斯坦和阿克莫拉,水资源可利用率分别为 26.0%、24.3% 和 23.1%。

表 5-4　哈萨克斯坦各州的水资源可利用量

州	水资源可利用率/%	水资源可利用量/亿 m³
阿拉木图	17.4	27.74
阿克莫拉	23.1	2.84
阿克托别	10.7	0.53
阿特劳	12.5	0.05
东哈萨克斯坦	16.5	32.90
曼格斯套	15.3	0.02
北哈萨克斯坦	24.3	3.46
巴甫洛达尔	26.0	2.04
卡拉干达	20.9	2.37
科斯塔奈	21.3	2.30
克孜勒奥尔达	18.1	0.05
南哈萨克斯坦	21.0	7.88
西哈萨克斯坦	13.2	0.45
江布尔	18.3	5.28
全国	17.9	87.91

2)水资源可利用量分布不均

哈萨克斯坦水资源可利用量为 87.91 亿 m³。图 5-4 表示 10 km×10 km(即 100 km²)空间精度的水资源可利用量空间分布,与降水和水资源量的空间分布相似,东部和东南

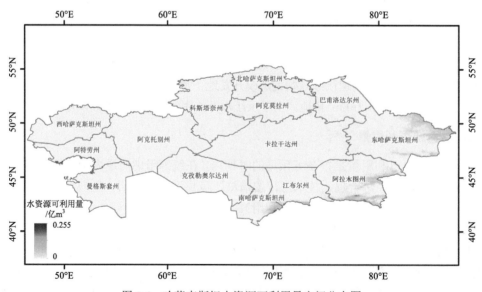

图 5-4　哈萨克斯坦水资源可利用量空间分布图

部水资源可利用量相对较多；西部和中部水资源可利用量较少。东哈萨克斯坦州和阿拉木图州水资源可利用量分别为 32.90 亿 m³ 和 27.74 亿 m³，这两个州水资源可利用量占全国水资源可利用量的 69%。水资源可利用量较少的州有曼格斯套、克孜勒奥尔达和阿特劳等，水资源可利用量均不足 0.1 亿 m³，主要因为这些州水资源量匮乏、水资源可利用率也较低。哈萨克斯坦西部、中部、北部水资源可利用量均较少，水资源压力巨大。

5.2　水资源开发利用及其消耗

本节从水资源消耗端对哈萨克斯坦的水资源开发利用进行计算、分析和评价，主要包括哈萨克斯坦总用水量和行业用水量的变化态势分析、用水水平的演化及评价以及水资源开发利用程度的计算和分析。哈萨克斯坦总用水和行业用水数据来源于世界资源研究所（Gassert et al., 2014），各个州的用水是根据相关因子在各州所占的比例分配到各个州中。农业用水使用农业灌溉面积作为相关因子，数据使用 FAO 的全球灌溉面积分布图（GMIA v5）（Siebert et al., 2013）；工业用水使用夜间灯光指数作为相关因子，数据来源于 DMSP-OLS 数据（NOAA, 2014）；生活用水则根据人口分布进行估算，人口数据来源于哥伦比亚大学的 GPW v4 人口分布数据（CIESIN, 2016）。

5.2.1　用水量

用水量指分配给用户的包括输水损失在内的毛用水量，按国民经济和社会各用水户统计，分为农业用水、工业用水和生活用水三大类。本小节对总用水量和行业用水量进行分析。

1. 总用水呈下降态势

2000～2015 年，哈萨克斯坦总用水量呈下降趋势（表 5-5）。2000 年、2005 年、2010 年和 2015 年总用水量分别为 408.60 亿 m³、373.39 亿 m³、352.21 亿 m³ 和 346.88 亿 m³。农业占哈萨克斯坦经济产量的约 6%，大约 75% 的领土适合农业生产，但目前只有约 30% 的土地用于农业生产。尽管如此，农业用水所占比例仍然是最高的，2015 年农业用水占总用水量的 80.6%；其次是工业用水，占总用水量的 17.6%；生活用水量占比最少，仅占 1.7%。2015 年哈萨克斯坦总用水量 346.88 亿 m³，其中农业用水 279.65 亿 m³，工业用水 61.21 亿 m³，生活用水 6.02 亿 m³。

表 5-5　2000～2015 年哈萨克斯坦各州的用水量

州	用水量/亿 m³			
	2000 年	2005 年	2010 年	2015 年
阿拉木图	80.36	71.96	65.74	63.44
阿克莫拉	10.87	11.36	13.38	14.97

续表

州	用水量/亿 m³			
	2000 年	2005 年	2010 年	2015 年
阿克托别	3.55	5.26	6.02	6.05
阿特劳	2.07	2.77	2.88	2.72
东哈萨克斯坦	87.60	84.53	78.63	74.62
曼格斯套	0.84	1.15	1.22	1.18
北哈萨克斯坦	6.17	5.89	7.30	8.63
巴甫洛达尔	9.82	11.71	12.29	12.08
卡拉干达	7.89	9.39	10.35	10.63
科斯塔奈	5.68	7.03	9.39	10.96
克孜勒奥尔达	49.45	41.67	41.47	44.22
南哈萨克斯坦	102.22	83.59	73.20	71.09
西哈萨克斯坦	4.32	5.94	6.53	6.45
江布尔	37.75	31.15	23.81	19.86
全国	408.60	373.39	352.21	346.88

各州中，东部和东南部州用水存在下降趋势。总用水下降的州包括阿拉木图州、东哈萨克斯坦州、江布尔州、南哈萨克斯坦州和克孜勒奥尔达州；其他 9 个州总用水均呈上升趋势，主要分布在水资源量较少的西部、中部和北部。东哈萨克斯坦州总用水量最高，2015 年用水量达到 74.62 亿 m³；其次为南哈萨克斯坦州和阿拉木图州，2015 年总用水量分别为 71.09 亿 m³ 和 63.44 亿 m³；用水量最少的州为西部的曼格斯套州和阿特劳州，2015 年用水量分别仅为 1.18 亿 m³ 和 2.72 亿 m³。

从用水增长率看，2000～2015 年全国总用水减少了 15.1%。用水增长率最高的州为科斯塔奈州，总用水量增长了 92.8%，由 2000 年的 5.68 亿 m³ 增长到 2015 年的 10.96 亿 m³；其次为阿克托别州，用水增长了 70.5%，由 2000 年的 3.55 亿 m³ 增长到 2015 年的 6.05 亿 m³。用水增长率最低的州为江布尔州和南哈萨克斯坦州，用水呈负增长，江布尔州用水减少了 47.5%，南哈萨克斯坦州用水减少了 30.5%。

2. 农业用水逐步下降

哈萨克斯坦 2015 年农业用水占比为 80.6%，农业用水量为 279.65 亿 m³（表 5-6）。2000～2015 年，农业用水先快速减少，后缓慢减少；2000～2005 年，农业用水减少了 53.32 亿 m³，2005～2010 年，农业用水减少了 25.65 亿 m³；2010～2015 年，农业用水仅减少 2.45 亿 m³。

农业用水量较多的州有东哈萨克斯坦、南哈萨克斯坦、阿拉木图，2015 年农业用水量分别为 67.12 亿 m³、62.87 亿 m³ 和 52.90 亿 m³。农业用水量较少的州有曼格斯套、阿特劳和西哈萨克斯坦，2015 年农业用水量分别为 0.03 亿 m³、1.18 亿 m³ 和 3.73 亿 m³。从 2000～2015 年的农业用水增长率角度看，哈萨克斯坦农业用水减少了 22.5%，江布尔州和南哈萨克斯坦州农业用水减少率最大，分别减少了 53.9% 和 34.9%，科斯塔奈州和阿特劳州农业用水增加速率最大，2000～2015 年农业用水分别增加了 201.8%和118.0%。

从农业用水的比例角度分析，哈萨克斯坦 2015 年农业用水占比 80.6%，其中占比最高的州为克孜勒奥尔达，2015 年占比为 95.1%，其次为东哈萨克斯坦州、南哈萨克斯坦州和阿拉木图州，2015 年占比分别为 89.9%、88.4%和 83.4%。占比最低的州为曼格斯套州，2015 年农业用水占比仅为 2.9%。

表 5-6　2000～2015 年哈萨克斯坦各州的农业用水量及其比例

州	农业用水量/亿 m³				农业用水比例/%			
	2000 年	2005 年	2010 年	2015 年	2000 年	2005 年	2010 年	2015 年
阿拉木图	72.92	61.67	54.75	52.90	90.7	85.7	83.3	83.4
阿克莫拉	7.16	6.23	7.91	9.73	65.9	54.8	59.1	65.0
阿克托别	1.35	2.21	2.77	2.94	38.0	42.1	46.0	48.5
阿特劳	0.95	1.24	1.27	1.18	45.8	44.9	43.9	43.3
东哈萨克斯坦	82.26	77.21	70.82	67.12	93.9	91.3	90.1	89.9
曼格斯套	0.03	0.03	0.03	0.03	3.9	2.6	2.6	2.9
北哈萨克斯坦	3.20	1.83	2.97	4.47	51.9	31.0	40.6	51.8
巴甫洛达尔	6.78	7.54	7.85	7.83	69.1	64.4	63.9	64.8
卡拉干达	2.61	2.08	2.55	3.16	33.1	22.2	24.7	29.8
科斯塔奈	1.82	1.69	3.69	5.49	32.0	24.1	39.3	50.1
克孜勒奥尔达	47.93	39.56	39.22	42.06	96.9	94.9	94.6	95.1
南哈萨克斯坦	96.63	75.74	64.70	62.87	94.5	90.6	88.4	88.4
西哈萨克斯坦	2.36	3.27	3.69	3.73	54.7	55.0	56.5	57.8
江布尔	35.07	27.45	19.91	16.16	92.9	88.1	83.6	81.3
全国	361.07	307.75	282.10	279.65	88.4	82.4	80.1	80.6

3. 工业用水先快速上升后缓慢下降

哈萨克斯坦全国及各州工业用水均先快速上升后缓慢下降（表 5-7），全国工业用水量由 2000 年的 41.92 亿 m³ 增长到 2015 年的 61.21 亿 m³，增长了 46%。2015 年，工业用水最多的州分别是阿拉木图州和南哈萨克斯坦，工业用水分别为 9.59 亿 m³ 和 7.49 亿 m³。工业用水最少的州是曼格斯套州和阿特劳州，2015 年工业用水仅为 1.04 亿 m³ 和 1.40亿 m³。从工业用水增长率上看，全国各州 2000～2015 年工业用水均呈正增长，增长率在 42%～52%之间。

2015 年哈萨克斯坦工业用水占比为 17.6%；工业用水占比较高的州为曼格斯套和卡拉干达，2015 年工业用水占比分别为 88.6%和 64.0%；工业用水占比最低的州为克孜勒奥尔达州和东哈萨克斯坦州，2015 年工业用水占比分别为 4.5%和 9.2%。

表 5-7 2000～2015 年哈萨克斯坦各州工业用水量及其比例

州	工业用水量/亿 m³				工业用水比例/%			
	2000 年	2005 年	2010 年	2015 年	2000 年	2005 年	2010 年	2015 年
阿拉木图	6.57	9.39	10.06	9.59	8.2	13.0	15.3	15.1
阿克莫拉	3.28	4.68	5.02	4.78	30.1	41.3	37.5	31.9
阿克托别	1.94	2.78	2.98	2.84	54.8	52.9	49.5	46.9
阿特劳	0.99	1.39	1.48	1.40	47.7	50.2	51.3	51.6
东哈萨克斯坦	4.70	6.67	7.14	6.82	5.4	7.9	9.1	9.1
曼格斯套	0.71	1.02	1.09	1.04	84.8	88.9	89.3	88.6
北哈萨克斯坦	2.61	3.70	3.96	3.78	42.3	62.8	54.3	43.8
巴甫洛达尔	2.68	3.80	4.06	3.87	27.3	32.5	33.1	32.0
卡拉干达	4.66	6.67	7.14	6.80	59.1	71.1	69.0	64.0
科斯塔奈	3.41	4.87	5.22	4.98	60.0	69.3	55.6	45.5
克孜勒奥尔达	1.35	1.93	2.07	1.97	2.7	4.6	5.0	4.5
南哈萨克斯坦	4.93	7.16	7.78	7.49	4.8	8.6	10.6	10.5
西哈萨克斯坦	1.72	2.43	2.60	2.48	39.9	41.0	39.7	38.4
江布尔	2.37	3.37	3.58	3.38	6.3	10.8	15.0	17.0
全国	41.92	59.87	64.18	61.21	10.3	16.0	18.2	17.6

4. 生活用水缓慢增长

哈萨克斯坦全国和各州生活用水量均呈缓慢上升趋势（表 5-8），全国生活用水量由 2000 年的 5.61 亿 m³ 上升到 2015 年的 6.02 亿 m³。2015 年，哈萨克斯坦生活用水量最多的州为阿拉木图州，2015 年生活用水量为 0.94 亿 m³，其次为东哈萨克斯坦州，生活用水为 0.68 亿 m³。生活用水量较少的州为曼格斯套、阿特劳和克孜勒奥尔达，生活用水量分别为 0.10 亿 m³、0.14 亿 m³ 和 0.19 亿 m³。

表 5-8 2000～2015 年哈萨克斯坦各州生活用水量及其比例

州	生活用水量/亿 m³				生活用水比例/%			
	2000 年	2005 年	2010 年	2015 年	2000 年	2005 年	2010 年	2015 年
阿拉木图	0.87	0.90	0.93	0.94	1.1	1.3	1.4	1.5
阿克莫拉	0.43	0.44	0.46	0.46	4.0	3.9	3.4	3.1
阿克托别	0.26	0.26	0.27	0.28	7.3	5.0	4.5	4.6
阿特劳	0.13	0.14	0.14	0.14	6.5	4.9	4.8	5.1
东哈萨克斯坦	0.64	0.66	0.68	0.68	0.7	0.8	0.9	0.9
曼格斯套	0.09	0.10	0.10	0.10	11.3	8.4	8.1	8.6
北哈萨克斯坦	0.35	0.36	0.37	0.38	5.7	6.1	5.1	4.4
巴甫洛达尔	0.36	0.37	0.38	0.38	3.7	3.1	3.1	3.2
卡拉干达	0.62	0.63	0.65	0.66	7.8	6.7	6.3	6.2
科斯塔奈	0.45	0.47	0.48	0.49	8.0	6.6	5.1	4.4
克孜勒奥尔达	0.18	0.18	0.19	0.19	0.4	0.4	0.5	0.4

州	生活用水量/亿 m³				生活用水比例/%			
	2000 年	2005 年	2010 年	2015 年	2000 年	2005 年	2010 年	2015 年
南哈萨克斯坦	0.66	0.69	0.72	0.73	0.6	0.8	1.0	1.0
西哈萨克斯坦	0.24	0.24	0.25	0.25	5.4	4.0	3.8	3.9
江布尔	0.31	0.32	0.33	0.33	0.8	1.0	1.4	1.7
全国	5.61	5.77	5.93	6.02	1.4	1.5	1.7	1.7

从生活用水增长率来看，哈萨克斯坦各州均呈正增长。增长最快的为南哈萨克斯坦州，2000～2015 年生活用水增长了 10.5%；增长最慢的州为阿特劳州和江布尔州，生活用水分别增长了 4.1% 和 4.3%。

生活用水所占比例最低，2015 年哈萨克斯坦生活用水占比仅为 1.7%，生活用水占比最高的州为曼格斯套，2015 年比例为 8.6%，而占比较低的州为克孜勒奥尔达和东哈萨克斯坦，占比分别为 0.4% 和 0.9%。

5.2.2　用水水平

人均综合用水量是衡量一个地区综合用水水平的重要指标，受当地气候、人口密度、经济结构、作物组成、用水习惯、节水水平等众多因素影响。

以人均综合用水量作为评估用水效率的指标，哈萨克斯坦用水效率缓慢提升，人均综合用水量不断下降，人均综合用水量由 2000 年的 2708m³ 下降到 2015 年的 2038m³（表 5-9）。2015 年曼格斯套州人均综合用水量最低，仅为 186m³；其次为阿特劳州，人均综合用水量为 529 m³；人均综合用水量不足 1000 m³ 的州还有阿克托别州、卡拉干达州和阿克莫拉州。人均综合用水量最高的州为克孜勒奥尔达，人均综合用水量为 5909 m³；其次为东哈萨克斯坦，人均综合用水量为 5602 m³。

表 5-9　2000～2015 年哈萨克斯坦各州人均综合用水量及其变化

州	人均综合用水量/m³			
	2000 年	2005 年	2010 年	2015 年
阿拉木图	2946	2432	2037	1795
阿克莫拉	931	908	969	954
阿克托别	516	728	785	733
阿特劳	411	545	564	529
东哈萨克斯坦	5785	5852	5680	5602
曼格斯套	256	281	241	186
北哈萨克斯坦	867	916	1247	1613
巴甫洛达尔	1229	1530	1666	1691
卡拉干达	563	686	775	813
科斯塔奈	567	753	1074	1333

续表

州	人均综合用水量/m³			
	2000 年	2005 年	2010 年	2015 年
克孜勒奥尔达	8197	6493	6018	5909
南哈萨克斯坦	5056	3702	2897	2508
西哈萨克斯坦	704	983	1094	1088
江布尔	3762	3055	2295	1875
全国	2708	2405	2179	2038

5.2.3 水资源开发利用程度

采用水资源开发利用率分析哈萨克斯坦水资源开发利用程度。水资源开发利用率指用水量占水资源量的百分比，该指标主要用于反映和评价区域内水资源总量的控制利用情况。

从水资源开发利用角度，如表 5-10 所示，2015 年，哈萨克斯坦水资源开发利用率约为 71%。哈萨克斯坦有 9 个州水资源开发利用率超过 100%；开发利用率最高的州为克孜勒奥尔达，本地水资源开发利用率高达 15512%；其次为曼格斯套和阿特劳，水资源开发利用率分别为 848% 和 718%。东部的东哈萨克斯坦州和阿拉木图州水资源丰富，水资源开发利用率低，分别为 37% 和 40%。

表 5-10　2015 年哈萨克斯坦各州的水资源开发利用状况

州	水资源量/亿 m³	用水量/亿 m³	水资源开发利用率/%
阿拉木图	159.55	63.44	40
阿克莫拉	12.31	14.97	122
阿克托别	4.97	6.05	122
阿特劳	0.38	2.72	718
东哈萨克斯坦	199.90	74.62	37
曼格斯套	0.14	1.18	848
北哈萨克斯坦	14.25	8.63	61
巴甫洛达尔	7.86	12.08	154
卡拉干达	11.30	10.63	94
科斯塔奈	10.79	10.96	102
克孜勒奥尔达	0.29	44.22	15512
南哈萨克斯坦	37.55	71.09	189
西哈萨克斯坦	3.41	6.45	189
江布尔	28.79	19.86	69
全国	491.49	346.88	71

5.3　水资源承载力与承载状态

本节根据水资源承载力核算方法，计算哈萨克斯坦各州水资源承载人口，并根据现状人口计算水资源承载指数，最后根据水资源承载指数判断哈萨克斯坦各州的承载状态。本节主要采用的数据包括水资源可利用量和用水量，数据来源和计算方法参见前两节，人均生活用水量、人均 GDP 和千美元 GDP 用水根据世界不同地区平均标准作为基准，人均生活用水量基准根据 FAO AQUASTAT 各国生活用水计算得到；人均 GDP 根据世界银行 GDP 数据计算得到。

5.3.1　水资源承载力

水资源承载能力的计算实际上是一个优化问题，即在一定的水资源可利用量、用水技术水平、福利水平等约束条件下，求满足条件的最大人口数量。

现状条件下（2015 年）哈萨克斯坦水资源可承载人口约为 1768 万人，2015 年哈萨克斯坦实际人口为 1702 万人，水资源承载力指数为 0.96（表 5-11）。如图 5-5 所示，东部的阿拉木图州水资源承载力最高，西南部的曼格斯套和克孜勒奥尔达水资源承载力最低。从水资源承载指数看（表 5-11），克孜勒奥尔达水资源承载指数最高，高达 208.59；其次为阿特劳和曼格斯套，水资源承载指数分别为 13.96 和 13.50。承载指数较低的州为东哈萨克斯坦、阿拉木图和北哈萨克斯坦，承载指数分别为 0.55、0.56 和 0.61。

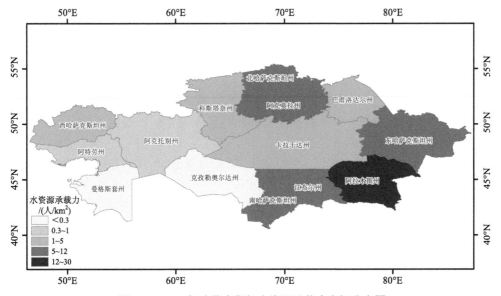

图 5-5　2015 年哈萨克斯坦水资源承载力空间分布图

表 5-11　2000～2015 年哈萨克斯坦各州水资源承载力及承载指数

州	水资源承载力/万人				水资源承载指数			
	2000 年	2005 年	2010 年	2015 年	2000 年	2005 年	2010 年	2015 年
阿拉木图	386	468	558	634	0.71	0.63	0.58	0.56
阿克莫拉	125	128	120	122	0.93	0.98	1.15	1.29
阿克托别	42	30	28	30	1.63	2.41	2.76	2.77
阿特劳	5	4	3	4	10.62	14.19	14.78	13.96
东哈萨克斯坦	233	230	237	241	0.65	0.63	0.58	0.55
曼格斯套	3	3	4	5	9.65	13.17	14.05	13.50
北哈萨克斯坦	164	155	114	88	0.43	0.41	0.51	0.61
巴甫洛达尔	68	55	50	49	1.17	1.40	1.47	1.44
卡拉干达	172	141	125	119	0.81	0.97	1.07	1.10
科斯塔奈	166	125	88	71	0.60	0.75	1.00	1.16
克孜勒奥尔达	0	0	0	0	233.28	196.60	195.65	208.59
南哈萨克斯坦	64	87	111	129	3.17	2.59	2.27	2.20
西哈萨克斯坦	26	19	17	17	2.34	3.22	3.54	3.50
江布尔	58	71	94	115	1.74	1.44	1.10	0.92
全国	1331	1498	1654	1768	1.13	1.04	0.98	0.96

从水资源承载力的历史演化可知，2000～2015 年，哈萨克斯坦水资源承载力有所增强，承载人口由 1331 万人增长到 1768 万人；水资源承载指数逐步下降，承载指数由 1.13 下降到 0.96。各个州中，东部和南部州水资源承载力有所增强；西部、中部和北部水资源承载力有所下降；水资源承载指数趋势与水资源承载力相反。

5.3.2　水资源承载状态

根据现状年人口和水资源承载能力，计算水资源承载指数，根据水资源承载状态分级标准以及水资源承载状态指数，将水资源承载状态划分严重超载、超载、临界超载、平衡有余、盈余和富富有余 6 个状态。

分区看（图 5-6 和表 5-12），西部和南部的曼格斯套州、阿特劳州、西哈萨克斯坦州、阿克托别州、克孜勒奥尔达州和南哈萨克斯坦州水资源承载状态均为严重超载状态；中部和北部的卡拉干达州、科斯塔奈州、阿克莫拉州和巴甫洛达尔州均处于临界超载状态；江布尔州处于平衡有余状态；北哈萨克斯坦州处于盈余状态；东部的东哈萨克斯坦州和阿拉木图州均处于富富有余状态。

2000～2015 年，哈萨克斯坦全国水资源承载状态由临界超载状态变为平衡有余状态，各州水资源承载状态变化不大。东部的阿拉木图州、东哈萨克斯坦州和江布尔州水资源承载状态逐步改善；中部、北部和东部的卡拉干达州、科斯塔奈州、北哈萨克斯坦州、阿克托别州和阿克莫拉州水资源承载状态有变差的趋势。

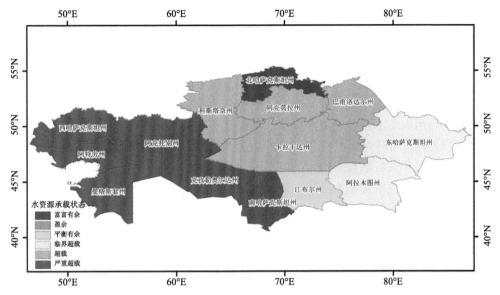

图 5-6　2015 年哈萨克斯坦水资源承载状态的空间分布图

表 5-12　2000～2015 年哈萨克斯坦各州水资源承载状态

州	水资源承载状态			
	2000 年	2005 年	2010 年	2015 年
阿拉木图	盈余	盈余	富富有余	富富有余
阿克莫拉	平衡有余	平衡有余	临界超载	临界超载
阿克托别	超载	严重超载	严重超载	严重超载
阿特劳	严重超载	严重超载	严重超载	严重超载
东哈萨克斯坦	盈余	盈余	富富有余	富富有余
曼格斯套	严重超载	严重超载	严重超载	严重超载
北哈萨克斯坦	富富有余	富富有余	富富有余	盈余
巴甫洛达尔	临界超载	临界超载	临界超载	临界超载
卡拉干达	平衡有余	平衡有余	临界超载	临界超载
科斯塔奈	盈余	盈余	平衡有余	临界超载
克孜勒奥尔达	严重超载	严重超载	严重超载	严重超载
南哈萨克斯坦	严重超载	严重超载	严重超载	严重超载
西哈萨克斯坦	严重超载	严重超载	严重超载	严重超载
江布尔	超载	临界超载	临界超载	平衡有余
全国	临界超载	临界超载	平衡有余	平衡有余

5.4　未来情景与调控途径

本节根据未来不同的技术情景，计算不同情景水资源承载力，判断不同情景下哈萨克斯坦水资源超载风险，从而实现对哈萨克斯坦水资源安全风险预警；随后分析哈萨克斯坦主要存在的水资源问题，并提出相应的水资源承载力增强和调控途径。本节计算未来技术情景下水资源承载力用到的数据来源与前面小节相同。

5.4.1　未来情景分析

哈萨克斯坦人均水资源丰富，总体上水资源质量和数量都处于良好状态。按未来不同情景发展预测，哈萨克斯坦在 2030 年和 2050 年不会发生水资源超载，能够支撑哈萨克斯坦经济发展和人口增长对用水的需求。

假设水资源可利用量基本维持在现状水平，生活福利水平使用人均 GDP 表示，用水效率水平使用千美元 GDP 用水量表示。下面对以下两种未来的技术情景进行模拟评价。

情景 1：人均 GDP 翻倍；千美元 GDP 用水量减少 1/3。

情景 2：人均 GDP 翻 2 倍；千美元 GDP 用水量减少 2/3。

根据三种不同的人均生活用水标准[60L/（d·人）、100L/（d·人）、150L/（d·人）]，分别计算未来技术情景 1 条件下和未来技术情景 2 条件下的水资源承载能力。

考虑哈萨克斯坦 2015 年的福利保障（以人均 GDP 衡量，约 12500 美元）和水资源利用效率（以用水消耗衡量，千美元 GDP 用水量 200m³/千美元），哈萨克斯坦人口没有超过其水资源的承载能力。由前面的内容可以判断，哈萨克斯坦目前存在着不可持续的水资源开发风险，当前哈萨克斯坦的用水效率仍处于中等水平，并未严重制约其承载能力，哈萨克斯坦未来可以通过有效措施提高用水效率，从而降低水资源不可持续发展的风险，同时考虑到人口增长和福利水平的提高。

5.4.2　主要问题及调控途径

1. 主要水资源问题

为了加强水资源利用和水安全的可持续性，哈萨克斯坦实施了一系列制度和政策措施。然而，哈萨克斯坦仍然面临许多用水问题。水污染是其主要的水资源问题之一。哈萨克斯坦 50%~70%的地表水资源被评定为"污染"和"严重污染"。另外，用水和渠道输水效率低，渠道输水系统的平均效率仅为 15%~20%，而大多数发达国家为 70%~90%（Uvarov et al.，2015）。

哈萨克斯坦农业面临结构性水资源短缺。有限的水资源加上其用水效率低下，广袤的肥沃土地无法充分用于发展灌溉农业，灌溉农业是农村人口的主要食物来源和就业途径。粮农组织估计哈萨克斯坦潜在可用于灌溉的面积为 380 万 hm²，几乎是当前灌溉面积的两倍。

哈萨克斯坦水资源短缺的一部分原因是从吉尔吉斯斯坦的托克托古尔水库和基洛夫水库流入的水资源水质差、盐度高、季节性水量限制。由于其位于下游，哈萨克斯坦无法决定跨境水流入的时间、数量和质量（UNDP，2005）。吉尔吉斯斯坦和塔吉克斯坦冬季采暖对水电的依赖程度较高，加剧了哈萨克斯坦春季和夏季灌溉农业用水供应的不确定性。哈萨克斯坦的灌溉严重影响了哈萨克斯坦下游锡尔河的水质，导致哈萨克斯坦渔业部门的衰落。此外，哈萨克斯坦的大部分灌溉土地（2010 年为 40.43 万 hm^2）受到土壤盐渍化的影响（FAO，2012）。总体而言，约有 68 万 hm^2 用于灌溉的土地未用于农作物生产。

锡尔河流域最严重的分歧与吉尔吉斯斯坦托克托古尔水库的运作有关，导致吉尔吉斯斯坦、乌兹别克斯坦和哈萨克斯坦之间发生利益冲突。两个下游国家希望使用托克托古尔水库的水资源用于夏季灌溉，吉尔吉斯斯坦则希望水库的水能用于本国的冬季能源生产。塔吉克斯坦和哈萨克斯坦之间在塔吉克斯坦的凯拉库姆水库管理方面也存在类似问题。托克托古尔水库的运行导致哈萨克斯坦出现以下负面影响（UNDP，2019）：

（1）地区农业条件恶化，灌溉用水不足；

（2）社会、经济和居民的生活条件恶化；

（3）冬季盈余水量从 Chardarya 水库流出至乌兹别克斯坦 Arnasai 低地时，造成咸海非生产性水损失；

（4）人口稠密区和农田发生洪灾；

（5）流域环境和卫生状况恶化；

（6）托克托古尔水库的调节能力下降。

另外，哈萨克斯坦大部分地区为干旱地带，这些环境下的农业极其不稳定，大多数草地属于沙漠或半干旱类型。哈萨克斯坦位于欧亚大陆中心，气候复杂，是生态系统最脆弱的国家之一（Zhupankhan et al.，2018）。

由于跨界水资源合作不足，哈萨克斯坦面临重大的成本问题。这些成本包括以下方面：季节性水资源不足导致的灌溉不足成本；水相关灾害（如洪水和泥石流）成本；为保护哈萨克斯坦免受非合作影响而建造的额外基础设施成本；能源供应成本，包括南部地区供应保障成本。

除了这些直接的经济成本之外，哈萨克斯坦还承担着社会和环境成本，这些成本尤其与农业产量、农民收入和农村生计的连锁后果有关，包括防范干旱和洪水的成本，以及生态系统损害的环境成本（特别是在鄂毕河和内陆河三角洲地区）和其对人类健康的影响。最后，还有政治成本，这些成本与该地区无法建立增强整体福利所需的机构，以及该地区持续存在的不稳定和暴力风险有关，这可能对哈萨克斯坦产生负面影响。通过与水及其相关部门的更密切合作，可以减轻其中许多成本。

2. 调控途径

哈萨克斯坦应加强和周边国家的合作，包括长期的相互满意的共享水资源协议，主要合作事项包括：

（1）设立区域层面的组织，监督落实政府间达成的水资源分配协议；

（2）在区域层面上建立一套基于政府间协议的合理使用水和能源资源的系统，并形成机制；

（3）在区域层面上制定水资源协调机制和水资源保护法规；

（4）建立区域信息数据库，包括降水、径流、洪水等与水相关的数据（Adelphi and CAREC, 2017）。

这些事项将有助于及时应对紧急情况，确保各领域有足够的水资源供应，同时能够节约资源，实现可持续发展，并且有助于实现社会、环境和政治的利益，最终减少地区紧张局势并提高地区稳定性。

5.5 本章小结

本章主要从水资源基础供给能力、水资源开发利用、水资源承载力和承载状态、未来情景和调控途径等方面进行了全面系统的评价和分析。

总体上看，哈萨克斯坦大部分地区干旱少雨，不同区域年内降水特征差异很大。哈萨克斯坦大部分地区水资源匮乏，东部和东南部山区水资源相对较多，西南部水资源非常少；与其他中亚国家相比，水资源相对较多，但哈萨克斯坦水资源可利用率较低，西部、中部、北部水资源可利用量均较少，水资源压力巨大。

用水量上，哈萨克斯坦总用水呈下降态势，农业用水逐步下降，工业用水先快速上升后缓慢下降，生活用水缓慢增长；哈萨克斯坦用水效率缓慢提升，人均综合用水量不断下降；哈萨克斯坦西部和南部水资源开发利用程度很高，难以持续。

哈萨克斯坦整体上水资源承载状态为临界状态，2000～2015年由临界超载状态变为平衡有余状态。西部和南部水资源超载严重；中部和北部处于临界状态；东部处于盈余状态。东部州水资源承载状态逐步改善；中部、北部部分州水资源承载状态有变差的趋势。哈萨克斯坦现状人口没有超过其水资源承载力，但存在着不可持续的水资源开发风险。

参 考 文 献

Adelphi, CAREC. 2017. Rethinking Water in Central Asia – The costs of inaction and benefits of water cooperation. https://www.adelphi.de/en/publication/rethinking-water-central-asia.[2022-10-16].

Beck H E, van Dijk A I J M, Levizzani V, et al. 2017. MSWEP: 3-hourly 0.25° global gridded precipitation(1979–2015)by merging gauge, satellite, and reanalysis data. Hydrology and Earth System Sciences, 21(1): 589-615.

CIESIN(Center For International Earth Science Information Network). 2016. Gridded Population of the World, Version 4(GPW v4): Administrative Unit Center Points with Population Estimates. https://sedac.ciesin.columbia.edu/data/collection/gpw-v4.[2020-09-20].

Falkenmark M. 1989. The Massive Water Scarcity Now Threatening Africa: Why Isn't It Being Addressed Ambio, 18(2): 112-118.

FAO. 2012. AQUASTAT Country Profile–Kazakhstan. https://www.fao.org/3/ca0366en/CA0366EN.pdf. [2022-10-16].

Gassert F, Luck M, Landis M, et al. 2014. Aqueduct global maps 2.1: Constructing decision-relevant global water risk indicators. Washington, DC: World Resources Institute.

NOAA. 2014. Version 4 DMSP-OLS Nighttime Lights Time Series. https: //eogdata.mines.edu/products/ dmsp/[2020-09-20].

Siebert S, Henrich V, Frenken K, et al. 2013. Update of the Digital Global Map of Irrigation Areas to Version 5. http: //www.fao.org/3/I9261EN/i9261en.pdf.[2020-09-20].

UNDP(United Nations Development Programme). 2005. Central Asia human development report: bringing down barriers; regional cooperation for human development and human security. Bratislava: UNDP Regional Bureau for Europe.

UNDP(United Nations Development Programme). 2019. National Human Development Report 2019: Kazakhstan. https://hdr.undp.org/content/national-human-development-report-2019-kazakhstan.[2022-10-16].

Uvarov D, Groll M, Opp C. 2015. Integrated Water Resources Management in Kazakhstan-Status Quo and Challenges.https://www.researchgate.net/publication/276937812_Integrated_Water_Resources_Management_ in_Kazakhstan_-_Status_Quo_and_Challenges.[2022-10-16].

Yan J, Jia S, Lv A, et al. 2019. Water resources assessment of China's transboundary river basins using a machine learning approach. Water Resources Research, 55(1): 632-655.

Zhupankhan A, Tussupova K, Berndtsson R. 2018. Water in Kazakhstan, a key in Central Asian water management. Hydrological Sciences Journal, 63(5): 52-762.

第6章 生态承载力评价与区域谐适策略

6.1 生态供给的空间分布和变化

6.1.1 生态供给的空间分布

哈萨克斯坦单位面积陆地生态系统生态供给水平（单位面积生态供给）总体上呈现东北向西南递减的规律，北部、东部和东南部高于西部、西南部和中部地区。克孜勒奥尔达州和曼格斯套州单位面积陆地生态系统生态供给量不足 100g C/m²，略低于哈萨克斯坦其他州，而北哈萨克斯坦单位面积陆地生态系统生态供给量最高，为 270.43g C/m²，略高于哈萨克斯坦其他州。

从空间分布格局来看，哈萨克斯坦单位面积陆地生态系统生态供给水平（单位面积生态供给）总体上呈现东北向西南递减的规律，这主要是由于哈萨克斯坦自东北向西南大体呈现耕地、草地、稀疏灌丛到荒漠生态系统分布，耕地生态系统单位面积生态供给量要大于草地生态系统和稀疏灌丛生态系统；草地生态系统单位生态供给量要大于稀疏灌丛生态系统；北部、东北部和东南部地区高于西部和中部地区，主要是由于北部、东北部和西南部主要是耕地生态系统和耕地草地镶嵌生态系统，相比较西部和中部的草地生态系统和稀疏灌丛生态系统，其单位面积生态供给量要高（图 6-1）。

哈萨克斯坦各州单位面积陆地生态系统生态供给量为 60～280g C/m²，这主要取决于各州所在的地理位置、气候类型、陆表植被类型及盖度。其中，克孜勒奥尔达州和曼格斯套州单位面积陆地生态系统生态供给水平（单位面积生态供给）分别为 64.33g C/m²和 71.83g C/m²，略低于哈萨克斯坦其他州；北哈萨克斯坦州单位面积陆地生态系统生态供给水平（单位面积生态供给）最高，为 270.43g C/m²，略高于哈萨克斯坦其他州，是哈萨克斯坦单位面积陆地生态系统生态供给水平（单位面积生态供给）全国平均水平的 1.47 倍；东哈萨克斯坦州和阿克莫拉州单位面积陆地生态系统生态供给水平（单位面积生态供给）仅次于北哈萨克斯坦州，分别为 226.40g C/m²和 207.79g C/m²；其他 9 个州的单位面积陆地生态系统生态供给水平（单位面积生态供给）在 100～200g C/m²之间。总体来看，克孜勒奥尔达州和曼格斯套州两个西南部州单位面积陆地生态系统生态供给水平（单位面积生态供给）低于东北部的北哈萨克斯坦州和东哈萨克斯坦州（图 6-2）。

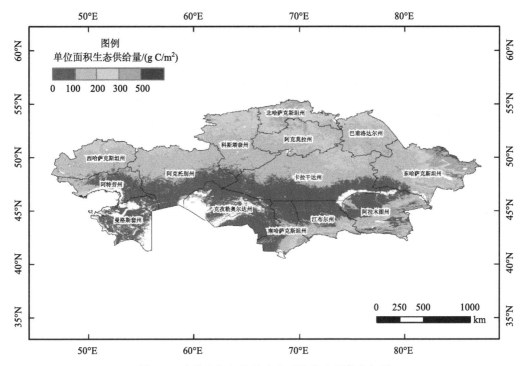

图 6-1　哈萨克斯坦陆地生态系统生态供给空间图

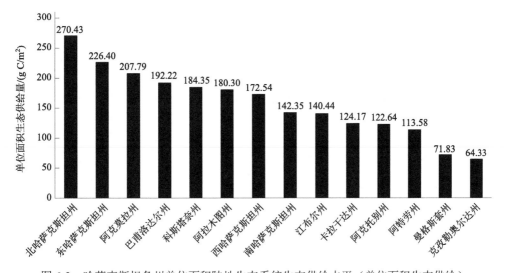

图 6-2　哈萨克斯坦各州单位面积陆地生态系统生态供给水平（单位面积生态供给）

6.1.2　生态供给的变化动态

哈萨克斯坦 2001～2015 年陆地生态系统供给总量的多年平均值为 $5.99×10^{14}g\ C$；单位面积陆地生态系统生态供给水平为 $167.75g\ C/m^2$，整体单位面积生态供给强度低于丝绸之路共建国家和地区平均值；东哈萨克斯坦州生态系统生态供给总量最高，为 9.35

$\times 10^{13}$g C，曼格斯套州陆地生态系统生态供给总量最低，为 5.70×10^{12}g C，东哈萨克斯坦州生态系统生态供给量是曼格斯套州的 16 倍（图 6-3）。

    哈萨克斯坦 2001～2015 年陆地生态系统供给总量处于波动状态。2001～2008 年区域生态供给总量处于波动状态，在 2003 年达到峰值 6.81×10^{14}g C；2009 年到 2015 年期间，区域生态供给总量一直在平均值 5.99×10^{14}g C 下波动，但在 2013 年期间出现大幅下降，下降至 5.05×10^{14}g C，在 2014 年出现回升，超过多年平均值 5.99×10^{14}g C。

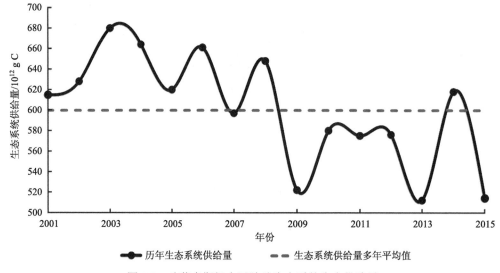

图 6-3　哈萨克斯坦全区陆地生态系统生态供给量

    从时间上看，哈萨克斯坦在 2001～2003 年区域生态供给量呈现上升状态，2004～2008 年，区域生态供给总量在平均值上半部分波动，但在 2008 年出现大幅下降，在 2009 年有所回升后，2009～2015 年区域生态供给量一直在平均值下半部分波动，2009 年、2013 年、2015 年属于三个低值点。

    哈萨克斯坦各州 2001～2015 年陆地生态系统供给总量多年均值在 5.70×10^{12}～9.35×10^{13}g C 之间，这主要取决于各个州的国土面积以及陆表植被的类型及其植被盖度。其中，东哈萨克斯坦州生态系统生态供给总量最高，为 9.35×10^{13}g C，曼格斯套州陆地生态系统生态供给总量最低，为 5.70×10^{12}g C，东哈萨克斯坦州生态系统生态供给量是曼格斯套州的 16 倍。东哈萨克斯坦州、卡拉干达州、科斯塔奈州、阿克托别州、阿拉木图州陆地生态系统生态供给总量超过 5.00×10^{13}g C，阿特劳州、克孜勒奥尔达州、曼格斯套州陆地生态系统生态供给总量不足 2.00×10^{13}g C；其余 6 个州陆地生态系统生态供给总量在 2.00×10^{13}～5.00×10^{13}g C 之间（图 6-4）。

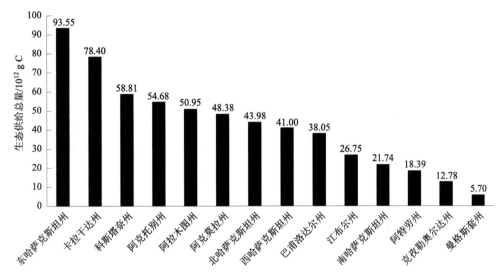

图 6-4　哈萨克斯坦各州陆地生态系统生态供给总量

6.2　生态消耗模式及影响因素分析

6.2.1　生态消耗模式及演变

1. 全国生态消耗变化

哈萨克斯坦生态消耗类型主要包括农田、森林、草地和水域消耗,其中消耗量较大是草地和农田,消耗增速较快的则是水域和森林。采用能值分析法,对哈萨克斯坦 1997~2020 年生态消耗进行研究,发现其总消耗和草地生态消耗均呈先下降后逐步增加趋势,总消耗的最大值和最小值分别是 2019 年的 $4.65×10^{22}$sej[①]和 2000 年的 $2.18×10^{22}$sej,最大值较最小值增加了 1.13 倍;草地生态消耗的最大值和最小值分别是 $3.82×10^{22}$sej 和 $1.81×10^{22}$sej,两者相差 1.12 倍。水域和森林生态消耗呈相似变化,均是阶段性稳速增加态势,两类生态消耗的最小值分别是 $5.80×10^{20}$sej 和 $3.06×10^{20}$sej,两类生态消耗均于 2020 年达到各自的最大值——$2.98×10^{21}$sej 和 $2.58×10^{21}$sej。农田生态消耗则较其他三类生态消耗不同,其变化趋势呈先下降后缓慢上升趋势,其最大值是 $3.08×10^{21}$sej,比其最小值 $2.24×10^{21}$sej 仅增加了 38%,增幅较小(图 6-5)。

消耗结构方面,该国生态消耗以草地为主,农田消耗占比则呈先微增后下降趋势,水域和森林消耗虽均呈现明显增加趋势,但森林消耗增加趋势更加稳定和可持续,水域消耗则是增加中有一定的波动性。在总消耗中,草地消耗占比基本保持在 82.76%,农田消耗占比已于 2020 年下降到 6.71%,同水域消耗占比基本持平;水域和森林消耗占比则

---

① sej 是太阳能值(solar energy)的单位 emjoules 的缩写,各类生态消耗可转化为唯一核算指标太阳能值,即对太阳能的消耗。

分别由 1997 年的 2.28% 和 1.25% 增加至 2020 年的 6.49% 和 5.62%,增幅较大(图 6-6)。

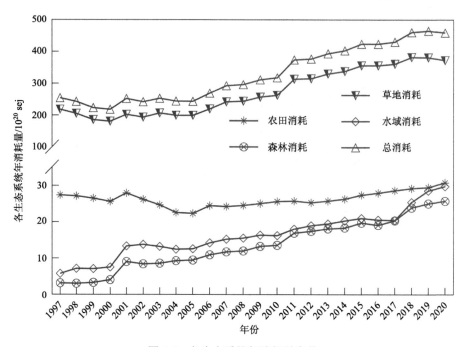

图 6-5　各生态系统年消耗量变化

数据来源:哈萨克斯坦统计署,1997—2020。

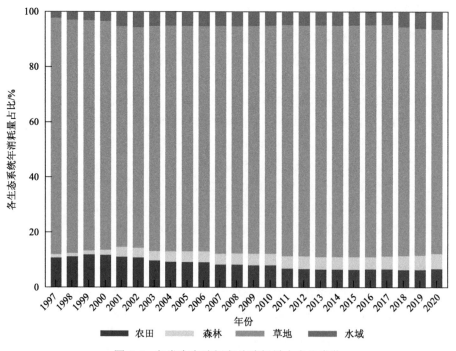

图 6-6　各类生态消耗在总消耗量中占比变化

在人均生态系统年消耗量方面，草地消耗量较其他三类消耗大；总消耗和草地消耗均呈先下降后上升趋势，且具有明显的波动性，水域和森林消耗则呈持续上升趋势，农田消耗则呈先下降后缓慢上升。在四类人均生态系统年消耗量中，增幅最大的是森林生态消耗，达到 5.56 倍，其最大和最小消耗值分别是 $1.38×10^{14}$sej 和 $2.03×10^{13}$sej。其次是水域生态消耗，最大值出现在 2020 年，达到 $1.59×10^{14}$sej，较最小值 $3.78×10^{13}$sej 增加了 3.2 倍。草地生态消耗量虽大，但其增幅较小，最大值 $2.04×10^{15}$sej 较最小值 $1.18×10^{15}$sej 增加了 72%。农田生态人均年消耗量则呈明显下降趋势，2020 年的 $1.64×10^{14}$sej 较 1997 年的 $1.79×10^{14}$sej 下降了 8.21%（图 6-7）。

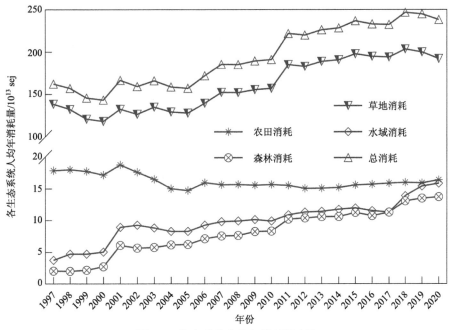

图 6-7　生态系统人均年消耗量变化

数据来源：哈萨克斯坦统计署，1997—2020。

农田生态系统产品主要包括小麦、大米、蔬菜和糖，其中尤以小麦的人均年消耗量最大，在农田生态消耗中占比虽有明显的下降趋势，但其均在 85% 以上，且近三年出现新的上升。蔬菜和糖的人均年消耗量比较稳定，分别维持在 $0.89×10^{13}$sej 和 $0.40×10^{13}$sej。大米的人均消耗量呈明显增加趋势，已由 1997 年的 $0.40×10^{13}$sej 增长至 2020 年的 $0.98×10^{13}$sej，增幅达 146%（图 6-8）。草地生态系统人均年消耗量中，牛肉消耗量占比最大，平均占比达 43.09%，但 2020 年的牛肉占比较上一年下降了 33.41%，降幅显著；其次是牛奶，但其占比呈现明显下降趋势，已由 1997 年的 30.45% 降至 2020 年的 12.64%，下降近 18 个百分点。猪肉消耗量比牛奶降幅小，其人均年消耗量由 1997 年的 $1.73×10^{14}$sej 下降至 2020 年的 $1.16×10^{14}$sej，降幅达到 33.33%。马肉和鸡蛋的消耗量占比较小，但增长幅度大，同 1997 年相比，2020 年马肉和鸡蛋的消耗量分别增加了 89.90% 和 96.83%。鸡肉的增幅最大，2020 年较 1997 年增加了 4.82 倍（图 6-9）。

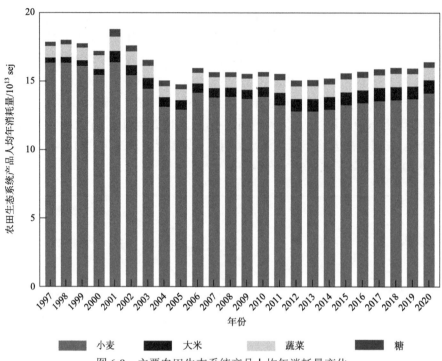

图 6-8　主要农田生态系统产品人均年消耗量变化

数据来源：哈萨克斯坦统计署，1997—2020。

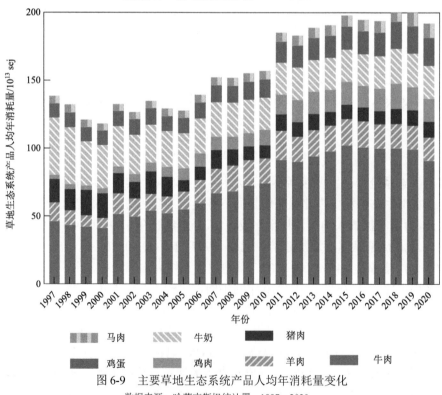

图 6-9　主要草地生态系统产品人均年消耗量变化

数据来源：哈萨克斯坦统计署，1997—2020。

2. 城乡人均生态系统消耗变化

通过对比城乡人均生态系统消耗变化发现，两者年消耗总量差距日益缩小，城市人均生态系统年消耗总量具有明显阶段性特征（图 6-10）。1997~2000 年，城市人均生态系统年消耗总量呈递降态势，其中农田、水域和森林系统人均年消耗量基本稳定，唯草地系统人均年消耗量同总消耗量趋势一样；2001~2010 年，城市人均生态系统年消耗量较上一阶段有了明显提升，但该阶段内增幅较小，且波动性明显，具体生态系统人均年消耗量变化方面，农田出现持续小幅下降，草地和森林呈小幅增加态势，水域消耗相对稳定；2011~2020 年，该阶段城市人均生态系统年消耗量较前两个阶段有了进一步增加，仍呈现波动式增加，至 2020 年，达到最大值 2.54×10^{15} sej，水域和草地人均年消耗量也达到各自最大值，而森林人均消耗量同农田持平。

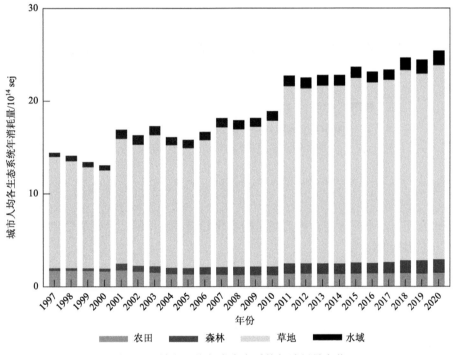

图 6-10　城市人均各类生态系统年消耗量变化

数据来源：哈萨克斯坦统计署，1997—2020。

同城市人均生态系统年消耗量变化不同的是，农村人均生态系统年消耗量整体呈先下降后上升态势（图 6-11）。其中，森林和水域人均年消耗量呈持续增加态势，且增幅较小，同最小值相比，其最大值分别增加了 9.21 倍和 4.73 倍；农田人均年消耗量虽有一定的波动，但基本维持在 1.81×10^{14} sej 左右，草地人均年消耗量在研究期内虽增幅较森林和水域小，但其消耗量较大，在农村人均生态系统年消耗量中的占比均在 80% 以上。

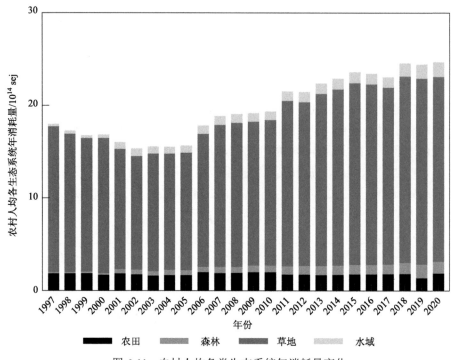

图 6-11 农村人均各类生态系统年消耗量变化

数据来源：哈萨克斯坦统计署，1997—2020。

6.2.2 消耗模式变化的影响因素分析

在研究期内，不同种类食物消耗量的变化趋势各不相同，主要是受到经济、社会和生态多方面因素的影响。

1. 供给与贸易

生态环境是人类生存的基础，不同种类食物的单产水平和牲畜养殖量是日常食物供给的保障（图 6-12）。土豆单产水平提升明显，已从 1997 年的 8.41 万 kg/hm^2 增加至 20.67 万 kg/hm^2，这也是哈萨克斯坦当地土豆可以满足国内消费需求的重要原因。小麦单产水平波动性较大，最高产量同最低产量相差 1.39 倍，虽单产水平起伏，但整体呈增加态势，2020 年较 1997 年增加了 40%。大米单产水平相对稳定，波动较小，与 1997 年单产相比，2020 年大米单产提升了 76.94%。主要谷物单产水平的不断提高，为当地谷物消费提供了重要支撑。农业是哈萨克斯坦基础产业，政府每年对该产业投入大量的技术和资金支持，使不同种类食物单产水平得到很大提升。

耕地面积前期较高，经过连续五年下降后开始趋于稳定，并在后期出现了一定增长，2020 年耕地面积较 1997 年下降了 8%，降幅较小。进入 21 世纪后总人口不断增加，人均耕地面积也随之出现了明显下降，至 2020 年，人均耕地面积为 1.60 hm^2，较 1997 年下降近 1/4。在总耕地中，谷物耕地面积虽前期出现短暂下降后开始反弹，后期较稳定，基本维持在 0.3 亿 hm^2，稳定的谷物耕地面积是该国谷物产量保障的基础，为该国谷物消费需求提供了稳定保障（图 6-13）。

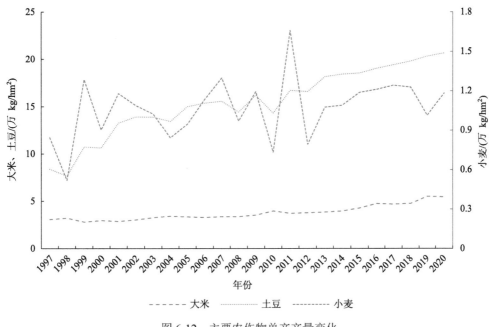

大米 .... 土豆 ---------- 小麦

图 6-12　主要农作物单产产量变化

食物库存量的增加在一定程度上可以提升食物供给，缓解食物消费需求压力。根据近十年食物库存量的变化发现，土豆年库存量较稳定，基本维持在年均 20.8 亿 kg，谷物和水果库存量均是先上升后下降态势，但这两类食物整体在增加，同 2010 年相比，库存量分别增加了 35.83% 和 152.36%。肉类和奶类的库存量则是降幅明显，虽肉类库存量中间有增加，但很快进入下降态势，后面四年整体平稳，和 2010 年相比，肉类和奶类库存量分别下降了 14.81% 和 45.88%。肉类和奶类整体年产量在增加，库存量的下降，也进一步说明该国肉类和奶类消费量增幅较大（图 6-14）。

哈萨克斯坦居民肉类消费量提升快，为国内牲畜养殖量提供了市场需求。该国居民肉类消费中以牛羊肉为主，马肉消费量虽低于牛羊肉，但属于该国特色消费，需求量也在不断增加。该国养鸡数量虽在中间存在小幅下降，但整体呈稳步增加态势，在研究期内，鸡的最大养殖量达到 4340 万只，较最小养殖量增加了 1.84 倍（图 6-15）。牛和羊的养殖量出现了一定波动，尤其羊养殖量在前期出现了明显下降，但整体呈增加态势，至 2020 年，牛和羊的养殖数量分别达到了最大值 2010 万头和 782 万只，分别较最小养殖量增加了 1.0 倍和 1.11 倍。养马数量虽前期也出现了一定的下降，但降幅小；后期有了一定的增加，养殖量虽依然较牛羊小，但增幅较大；2020 年养马数量较 1997 年增加了 1.40 倍，为国内马肉需求提供了重要保障。因该国对猪肉消费量较小，国内养猪数量在后期出现了明显下降，较 1997 年下降了 20.89%。

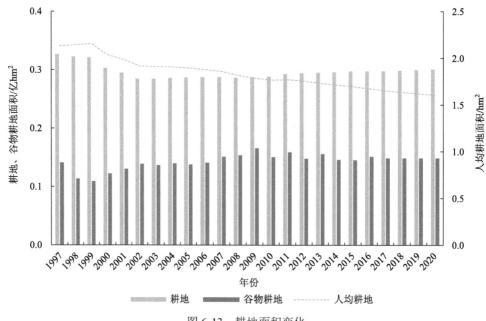

图 6-13　耕地面积变化

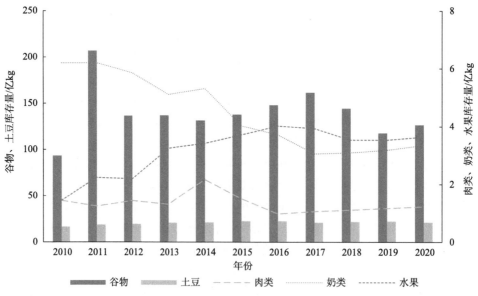

图 6-14　主要食物年末库存量变化

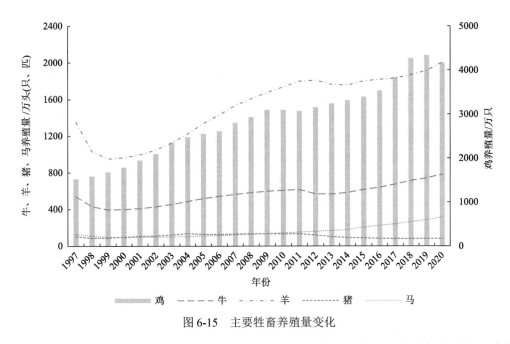

图 6-15　主要牲畜养殖量变化

为了满足国内食物消费需求以及降低国内生产压力和成本，很多国家会选择通过进口的方式将食物生产压力转嫁到其他国家或地区（图 6-16）。哈萨克斯坦水果和鸡肉的进口量已经分别从 1997 年的 5150t 和 3.31 万 t 增长至 2020 年的 24.1 万 t 和 18.2 万 t，贸易量分别增加了 46.80 倍和 5.50 倍。同时，进口量增加意味着哈萨克斯坦在水果和鸡肉消费方面对进口的依赖度在上升。蔬菜进口量于 2020 年达到了 39.8 万 t，较 1997 年的进口量增加了 18.21 倍。虽然哈萨克斯坦国内牛肉和猪肉的产量均有增加，但 2020 年，

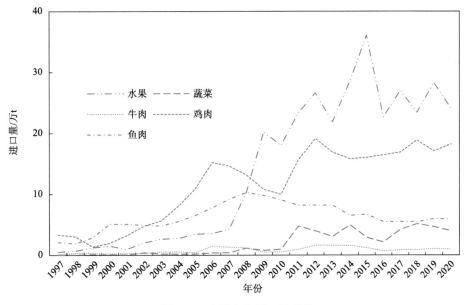

图 6-16　主要食物进口量变化

年平均进口量仍分别达到了 1230t 和 2240t。食物进口量不断提升会在一定程度上增加食物安全的风险，这将对全球贸易进程产生阻碍。

食物国外进口依赖度高，一定程度上反映当地食物满足需求的能力较低，食物自给程度低，同时意味着食物供给保障易受到国际贸易影响。从哈萨克斯坦主要食物进口依赖度变化可看出，主要食物对国外进口依赖整体在波动式下降，但奶类和禽蛋近年对国外进口的依赖有所提高（图6-17）。同 2010 年相比，水果、蔬菜和肉类国外进口依赖程度分别下降了 11.19%、7.52%和 0.38%。禽蛋对进口的依赖较低，最高不超过 4%。虽水果的进口依赖度在下降，但仍保持在 50%以上，说明哈萨克斯坦水果消费仍需要大量进口才能得到满足。2020 年，肉类和奶类的进口依赖度分别达到 18.27%和 9.98%，较 2010 年分别提升了 3.53%和 2.97%。

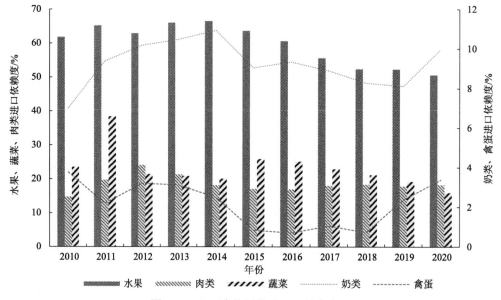

图 6-17　主要食物国外进口依赖度变化

2. 人口与城市化

1997～2001 年，哈萨克斯坦人口有一定的下降，自 2002 年开始，总人口开始持续增加，城乡人口变化趋势同总人口相似，但城市人口增幅略高于农村人口（图 6-18）。至 2020 年，人口总数已达 1875 万，较 1997 年增加了 20.74%。人口总数的增加，同时意味着该国平均人口密度不断提升，该国人口密度最大值约为 7 人/km^2（图 6-19）。该国的城市化水平同时也呈不断提高态势，城市化率自 1997 年的 55.96%增高至 2020 年的 57.67%，这意味着更多的食物需求和土地压力。随着经济不断发展，大学生数量也在不断提升，受教育水平的改善对居民食物消费数量和结构具有一定的影响。该国每万人中大学生人数波动较大，2020 年比 1997 年增加了 2.11 倍（图 6-20）。

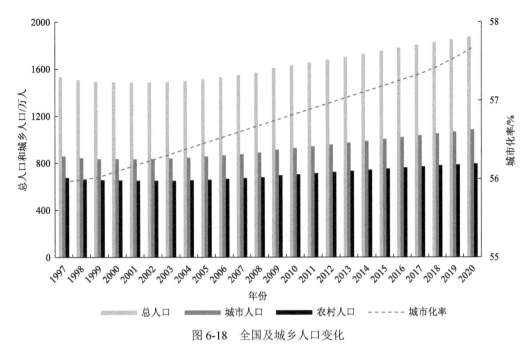

图 6-18　全国及城乡人口变化

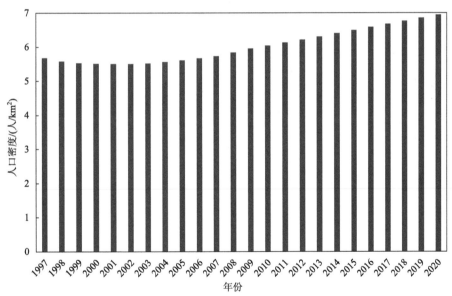

图 6-19　哈萨克斯坦人口密度

3. 收入与消费支出

GDP 水平在一定程度可以反映一个国家或者地区的经济发展水平，在提升国民食物消费水平上也发挥着重要作用，尤其农村地区效果更明显。哈萨克斯坦 GDP 自 1997 年至 2020 年经历快速发展阶段（图 6-21），为当地购买多样化食物种类提供了经济基础，家庭人均食物购买支出的提升对此是一个强有力证明。随着 GDP 不断提升，城市和农村对肉类的消费量也得到了很大提升。1997 年，哈萨克斯坦城市和农村居民肉类消费量分别占食物总消费量的 64.06%和 45.46%，而到了 2020 年，则均已增加到了 68.91%。在哈萨克斯坦 GDP 不断攀升的同时，人均年收入水平也在持续增加，不同的是，1997～2010 年人均收入年增幅波动较大，后期增幅波动较小，整个研究期内人均年收入均处于正向增加。2010 年，该国人均年收入首次突破 1000 美元，达到 1094.01 美元，6 年后该国人均年收入超过 2000 美元，仅经过 4 年，该国人均年收入已超过 3000 美元，达到3224.64 美元。其人均年收入的快速增长为提升食物消费水平提供经济支撑。

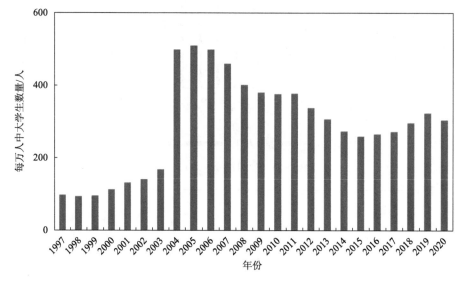

图 6-20　每万人中大学生人数变化

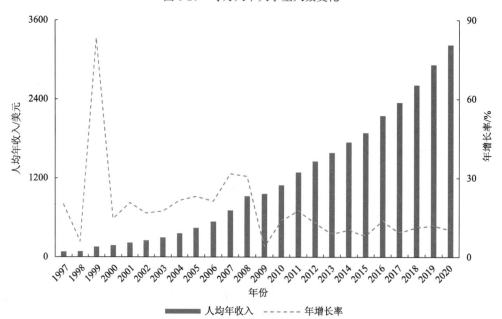

图 6-21　人均年收入及其增长率变化

人均收入在不断增加，是居民最终消费支出不断提升的保障。哈萨克斯坦居民人均最终消费支出具有明显阶段性特征，前期平稳，2002～2012 年总体呈上升趋势，仅在 2009 年出现了消费下降，人均消费支出整体增幅较大，达到 2.29 倍；2013 年之后，出现一定幅度下降，随后又恢复到小幅增加阶段；至 2020 年，人均最终消费支出达到 6287.72 美元。人均居民最终消费支出的年增长率波动较大，但整体以增加为主（图 6-22）。

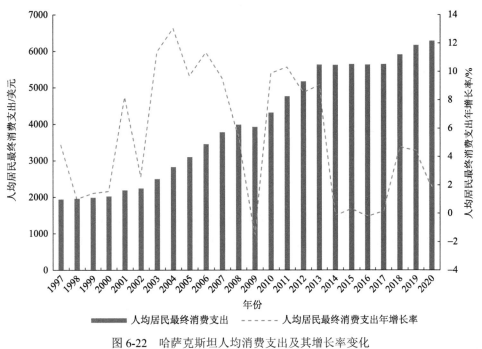

图 6-22　哈萨克斯坦人均消费支出及其增长率变化

6.3　生态承载力与承载状态

6.3.1　生态承载力

本节从生态资源供需平衡角度对 2005～2019 年哈萨克斯坦全国、州域两级尺度下的生态承载力进行评估，定量分析生态承载状态的时空演变格局，为合理研判生态系统的人口承载空间提供科学依据。

1. 全国尺度

从全国尺度上看，2005～2019 年哈萨克斯坦生态承载力呈现波动上升趋势，从 2005 年的 13900 万人上升到 2019 年的 14770 万人（图 6-23）。全国实际人口数量从 2005 年 1510 万人增加到 2019 年的 1840 万人。2005～2019 年哈萨克斯坦实际人口数量一直远低于生态承载力。2019 年，哈萨克斯坦实际人口数为 1840 千万人，仅占生态承载力的 12.45%，说明哈萨克斯坦生态系统尚有很大的人口承载空间。

图 6-23　哈萨克斯坦全国生态承载力年际变化分析

2. 州域尺度

从州域尺度上来看,各州之间生态承载力差异悬殊,2005 年东哈萨克斯坦州生态承载力最高,达 2450 万人,曼格斯套州最低,为 56 万人,分别占全国生态承载力的 17.6%、0.41%;2019 年东哈萨克斯坦州生态承载力最高,达 2600 万人,曼格斯套州最低,为 60 万人。

2005 年有 2 个州级的生态承载力超过 1500 万人,分别是东哈萨克斯坦州和科斯塔奈州,生态承载力为 2450 万人、1500 万人;有 9 个州的生态承载力介于 500 万~1500 万人之间,分别是阿拉木图州、阿克莫拉州、卡拉干达州、北哈萨克斯坦州、西哈萨克斯坦州、阿克托别州、巴甫洛达尔州、南哈萨克斯坦州、江布尔州,其中阿拉木图州生态承载力最高,达 1390 万人;有 2 个州的生态承载力介于 100 万~500 万人之间,分别是克孜勒奥尔达州和阿特劳州;仅曼格斯套州生态承载力低于 100 万人,为 56 万人,占比仅为 0.41%。

2019 年有 2 个州生态承载力超过 1500 万人,分别是东哈萨克斯坦州和科斯塔奈州,分别为 2600 万人和 1600 万人;有 9 个州的生态承载力介于 500 万~1500 万人之间,分别是阿拉木图州、阿克莫拉州、卡拉干达州、北哈萨克斯坦州、西哈萨克斯坦州、阿克托别州、巴甫洛达尔州、南哈萨克斯坦州、江布尔州,生态承载力合计 9853 万人,占全国生态承载力的 67.00%,其中阿拉木图州生态承载力最高,达 1470 万人;有 2 个州的生态承载力介于 100 万~500 万人之间,分别是克孜勒奥尔达州和阿特劳州,其中阿特劳州生态承载力较低,为 260 万人,占全国生态承载力的 1.74%;仅曼格斯套州生态承载力低于 100 万人,为 60 万人,占比仅为 0.41%(图 6-24)。

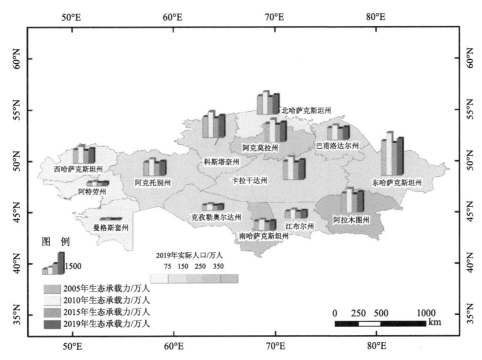

图 6-24　哈萨克斯坦各州生态承载力空间分布图（2005 年、2010 年、2015 年、2019 年）

从 2005 年、2010 年、2015、2019 年四个时间节点来看，哈萨克斯坦 14 个州生态承载力呈波动变化趋势，且整体有所上升。与 2005 年相比，2010 年哈萨克斯坦 14 个州生态承载力呈上升趋势，增幅为 23.33%；与 2010 年相比，2015 年哈萨克斯坦 14 个州生态承载力呈下降趋势，降幅为 23.30%；与 2015 年相比，2019 年哈萨克斯坦 14 个州生态承载力呈上升趋势，增幅为 12.31%。

与 2005 年相比，2010 年、2019 年哈萨克斯坦 14 个州生态承载力有所上升，增幅分别为 23.33%、6.24%，而 2015 年哈萨克斯坦 14 个州生态承载力有所下降，降幅为 5.41%。

2005 年至 2019 年这 15 年间，14 个州生态承载力变化不大，除南哈萨克斯坦州增幅为 2.39% 外，其余州增幅均处于 6.00%～7.00% 区间内。2005 年和 2019 年生态承载力超过 1500 万人的州均为 2 个，生态承载力介于 500 万～1500 万人之间的州均为 9 个，生态承载力介于 100 万～500 万人的州均为 2 个，生态承载力小于 100 万人的州均为 1 个，没有明显的数量变化。

6.3.2　生态承载状态与分区研究

通过实际人口数量与生态承载力的对比，分别评估全国、州域两级尺度下的生态承载指数及其时空演变格局，并以此为指标，厘定各尺度下的生态承载状态，为绿色丝绸之路的建设和生态保护谐适策略的提出提供参考。

1. 全国尺度

从全国尺度的生态承载指数来看（图 6-25），2005～2019 年，哈萨克斯坦生态承载指数低于 0.20，根据生态承载状态分级标准，生态承载力始终处于富富有余状态。2005～2019 年哈萨克斯坦生态承载指数呈宽幅震荡略有增加的状态，2005～2010 年生态承载指数均值约为 0.11，2014～2019 年生态承载指数均值约为 0.13，后 5 年生态承载指数均值较前 5 年增幅约为 18.63%。

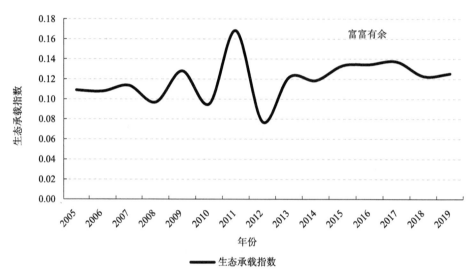

图 6-25　哈萨克斯坦 2005～2019 年生态承载指数

2. 州域尺度

从州域尺度的生态承载指数来看，2005 年哈萨克斯坦 14 个州基本都处于盈余和富富有余状态；2019 年曼格斯套州生态承载指数最高达 1.13，处于临界超载状态，其余 13 个州处于富富有余的承载状态；从 2005 年到 2019 年，有 9 个州的生态承载指数呈增大趋势，5 个州的生态承载指数呈减小趋势。

根据各州生态承载指数（图 6-26），2005 年仅有曼格斯套州处于盈余的承载状态，其余 13 个州均处于富富有余的承载状态。2005 年仅有 6 个州生态承载指数超过全国生态承载指数，分别是曼格斯套州、南哈萨克斯坦州、阿拉木图州、阿特劳州、江布尔州、克孜勒奥尔达州，其中曼格斯套州生态承载指数最高，其生态承载指数为 0.64，是全国生态承载指数的 5.88 倍，说明哈萨克斯坦生态系统的承载压力主要来自上述 6 州。其余 8 个州生态承载指数低于全国生态承载指数，对生态系统造成的压力较小，分别是卡拉干达州、阿克莫拉州、巴甫洛达尔州、阿克托别州、西哈萨克斯坦州、科斯塔奈州、东哈萨克斯坦州、北哈萨克斯坦州，其中北哈萨克斯坦州生态承载指数最低，为 0.05，不足曼格斯套州生态承载指数的 1/12。

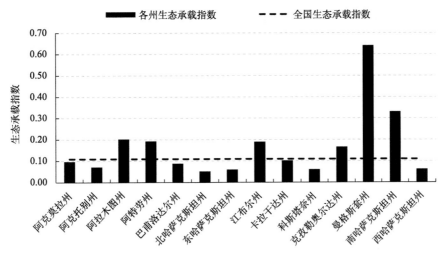

图 6-26　哈萨克斯坦各州生态承载指数与全国承载指数对比关系（2005 年）

2019 年哈萨克斯坦仅曼格斯套州处于临界超载，其余 13 个州均处于富富有余的承载状态（图 6-27）。有 7 个州生态承载指数超过全国生态承载指数，分别是曼格斯套州、南哈萨克斯坦州、阿拉木图州、阿特劳州、江布尔州、克孜勒奥尔达州、阿克莫拉州，其中曼格斯套州生态承载指数最高，为 1.13，是全国生态承载指数的 8.90 倍。其余 7 个州生态承载指数低于全国生态承载指数，分别是卡拉干达州、阿克托别州、巴甫洛达尔州、西哈萨克斯坦州、科斯塔奈州、东哈萨克斯坦州、北哈萨克斯坦州，其中北哈萨克斯坦州生态承载指数最低，为 0.04，不足曼格斯套州生态承载指数的 1/28。

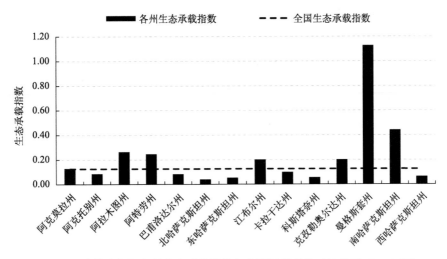

图 6-27　哈萨克斯坦各州生态承载指数与全国承载指数对比关系（2019 年）

从 2005 年、2010 年、2015 年、2019 年 4 个时间节点来看，哈萨克斯坦 14 个州生态承载指数呈波动变化趋势，且主要呈上升趋势（图 6-28）。与 2005 年相比，2010 年哈萨克斯坦除曼格斯套州外，其余 13 个州生态承载指数呈下降趋势，降幅为 12.63%；

与 2010 年相比，2015 年哈萨克斯坦 14 个州生态承载指数呈上升趋势，增幅为 40.13%；与 2015 年相比，2019 年哈萨克斯坦除阿克莫拉州外，其余 13 个州生态承载指数呈下降趋势，降幅为 6.04%。

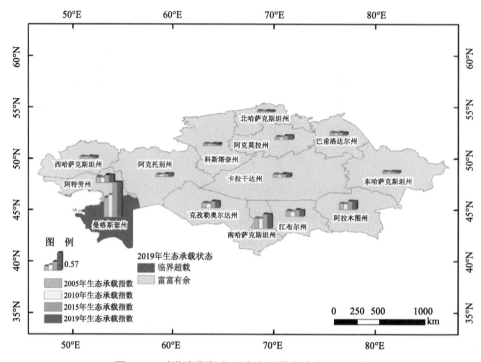

图 6-28　哈萨克斯坦各州生态承载状态空间分布图

2005～2019 年，有 9 个州的生态承载指数呈增大趋势，其中 2 个州生态承载指数的增幅低于全国生态承载指数的增幅，分别是西哈萨克斯坦州和江布尔州，其中西哈萨克斯坦州生态承载指数的增幅最小，为 0.99%；其余 7 个州生态承载指数的增幅超过全国生态承载指数的增幅，其中曼格斯套州生态承载指数的增幅最大，为 75.98%。仅有 5 个州的生态承载指数呈减小趋势，北哈萨克斯坦州生态承载指数的降幅最大，为 21.80%。

6.4　生态承载力的未来情景与谐适策略

依托国际公认的气候变化情景、经济社会发展情景，同时结合国家自身的经济社会发展需求、国际上不同国家和地区间的合作愿景，基于生态系统演变模型开展情景模拟，可以评估一个国家和地区未来生态承载力与承载状态的可能变化与趋势，并对其关键问题作出与可持续发展要求相协调的针对性政策调整。

6.4.1　基于绿色丝路建设愿景的情景分析

基于 2030 年三种情景（基准情景、绿色丝路愿景、区域竞争情景）下哈萨克斯坦草地、农田等面积变化以及净初级生产力变化预估，分析生态供给变化趋势；依据人口变化预测分析生态消耗变化趋势，进而分析哈萨克斯坦生态承载状态的变化态势。

1. 生态供给的情景分析

2030 年，三种情景下哈萨克斯坦各州单位面积生态供给均呈现北高南低的空间分布规律。基准情景下，北部各州生态供给较高，超过了 180g C/m²，特别是西哈萨克斯坦州、科斯塔奈州、巴甫洛达尔州、东哈萨克斯坦州；中部阿特劳州、阿克托别州、卡拉干达州等生态供给略低；南部曼格斯套州、克孜勒奥尔达州、南哈萨克斯坦州、江布尔州、阿拉木图州等生态供给较低，不足 100g C/m²。绿色丝路愿景下，北部的北哈萨克斯坦州生态供给超过 140g C/m²，其余地区与其他情景基本相似。区域竞争情景下，科斯塔奈州、巴甫洛达尔州、东哈萨克斯坦州单位面积生态供给不足 180g C/m²。

三种情景下各州的单位面积生态供给变化呈现较明显的空间分异特征（图 6-29）。基准情景下，南部各州的生态供给显著降低，特别是曼格斯套州、南哈萨克斯坦州，生态供给降幅超过 5%；北部各州生态供给以增加为主，科斯塔奈州、阿克莫拉州生态供给增幅超过 4%。绿色丝路愿景下，中部以及南部的曼格斯套州、克孜勒奥尔达州以及东哈萨克斯坦州生态供给有所下降，北部科斯塔奈州、阿克莫拉州以及巴甫洛达尔州有所上升。区域竞争情景下，除西部的西哈萨克斯坦州、阿特劳州以及曼格斯套州有所上升外，其余地区均有不同程度的下降，以南部江布尔州下降最为明显，降低幅度超过 12%。

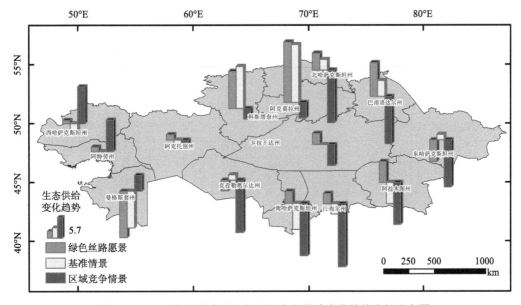

图 6-29　2030 年哈萨克斯坦各州的生态供给变化趋势空间分布图

2. 生态消耗的情景分析

2030 年，哈萨克斯坦人口有望超过 2050 万，各州人口均呈现增长趋势。基准情景下，以东部卡拉干达州和东哈萨克斯坦州增长最为明显，超过 6.5%；区域竞争情景下，以阿特劳州和北哈萨克斯坦州增长最为明显，增幅超过 11%；绿色丝路愿景下，卡拉干达州增长较为明显，增幅超过 5%，阿特劳州、曼格斯套州和北哈萨克斯坦州呈现下降趋势，降幅大于 1%。

基准情景下，卡拉干达州和东哈萨克斯坦州的生态消耗有所增长，西哈萨克斯坦州、阿特劳州、曼格斯套州、科斯塔奈州以及北哈萨克斯坦州生态消耗有所下降，其中北哈萨克斯坦州和曼格斯套州下降较明显，降幅超过 1.5%；区域竞争情景下，除卡拉干达州、东哈萨克斯坦州和阿拉木图州有所下降外，其余地区均有所增长，其中阿特劳州和北哈萨克斯坦州增长较多，增幅大于 2%；绿色丝路愿景下，卡拉干达州增长较为明显，增幅超过 2%，西部、北部以及南部部分区域呈现出下降的趋势，其中以阿特劳州、曼格斯套州以及北哈萨克斯坦州下降最为明显，降幅超过 4%，东部大部分区域变化不显著（图 6-30）。

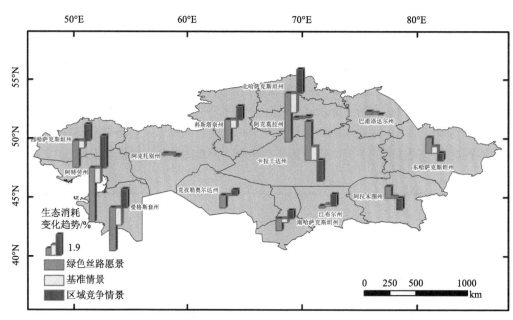

图 6-30 2030 年哈萨克斯坦各州的生态消耗变化趋势空间分布图

6.4.2 生态承载力演变态势

1. 生态承载力未来情景

2030 年，三种未来情景下（图 6-31），哈萨克斯坦南部各州生态承载状态的超载较为严重，特别是克孜勒奥尔达州、曼格斯套州与南哈萨克斯坦州，处于严重超载状态；西哈萨克斯坦州与阿克托别州处于富富有余状态。绿色丝路愿景下，东南部的阿拉木图州与江布尔州承载状态有所减轻，分别为超载与平衡有余状态；区域竞争情景下，北哈萨克斯坦州承载状态轻微加重，处于平衡有余状态。

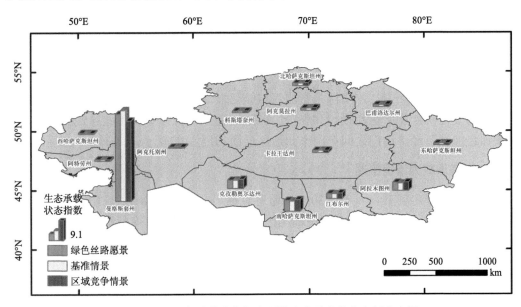

图 6-31　2030 年哈萨克斯坦各州的生态承载状态空间分布图

2. 生态承载力演变态势

2030 年，三种未来情景下，哈萨克斯坦南部各州承载压力增加较为严重，特别是曼格斯套州与南哈萨克斯坦州；西部各州基本持衡，如西哈萨克斯坦州、阿特劳州、阿克托别州等；北哈萨克斯坦州、阿克莫拉州和卡拉干达州生态承载力略有增加。除在区域竞争情景下东部地区巴甫洛达尔州和东哈萨克斯坦州呈现轻度加重状态外，其余地区三种情景下生态承载状态变化情况基本相同。

6.4.3　生态承载力谐适策略

1. 生态系统主要问题

结合文献资料整理，分析了近几十年哈萨克斯坦生态系统存在的主要问题。

受地形、气温和降水等因素影响，哈萨克斯坦生态系统类型自北向南依次为森林草原、草原、半荒漠草原、荒漠草原及高山。由于基础本底脆弱，降水稀少、气候干旱、沙漠戈壁广布，生态系统状况对水分、温度、地形等自然条件的依赖极强。哈萨克斯坦草地分布广泛但耕地面积较小，居民对耕地的依赖性大于草地，因而农田生态系统服务消耗性使用受到的影响较大，而草地生态系统则相对较小。2000 年以来，哈萨克斯坦耕地、草地面积有所减少，耕地减少速率高于草地。此外，哈萨克斯坦约 66% 的土地在逐步沙漠化，天然牧场（包括半荒漠区）逐渐退化，限制了草地生态系统供给。

从人口与社会经济发展方面来看，哈萨克斯坦人口分布与经济发展水平区域差异较大，哈萨克斯坦人口集中区主要分布于西部的石油开采区、中部的工业区——卡拉干达州和东北部的巴甫洛达尔州，这些区域矿物资源（石油和煤气储量）很丰富，是油气开发与重工业发展的重点区域。经济发展水平较高地区主要分布于哈萨克斯坦南部和部分北部区域，以农业经济为主。受人类开发活动影响，当地生态系统承受了较大压力。

对于干旱地区而言，水资源是影响其城镇化发展的重要因素。近几年来的研究表明，气候变化将加剧哈萨克斯坦和整个中亚地区的水资源短缺，由此导致的用水需求的增加将加剧各经济部门之间在国家和地区层面的用水竞争，从而影响区域经济发展。

2. 生态承载力谐适策略

从生态供给角度来看，至 2030 年，哈萨克斯坦北部地区森林、农田、草地生态系统的生物生产供给能力有所增加，中部地区基本处于持衡状态，南部地区降低较明显。对于降水减少的区域，需要加强生态系统管理，增加碳汇，减缓气候变化影响；对于草地广布的中部与南部地区，需要通过防沙治沙、荒漠化治理遏制草地进一步沙化，同时实施减畜、草畜平衡等措施，促进天然草地的恢复。同时，提高水资源利用效率，加大农业基础设施的投入，推进种植、养殖、农产品加工、生物质能、农林废弃物循环利用的农业循环经济产业链；加强技术创新与投入，减少工业排放，提升资源的循环利用效率。

从生态消耗角度来看，哈萨克斯坦生态系统服务消耗呈现持续增长趋势，农田生态系统服务消耗占比逐年下降，其他生态系统服务消耗占比逐年上升。国家在进行结构调整时要充分考虑这一变化，要逐步改变以往只重视农业生产的观念，从过去一味地追求农业生产转变为农林牧渔业综合生产，根据居民消耗偏好增加林产品、畜产品、水产品的供应量；与此同时，相应增加森林、水域、城市休憩活动场所数量，满足居民日益增长的消耗需求。至 2030 年，哈萨克斯坦人口不断增多、经济持续增长，因而消耗量必然大幅度增加，在合理利用生态系统服务的同时，可适度加大国内外区域间交流合作，促进各类产品的流通，缩小区域间产品供给的差异，实现各类生态系统服务平衡，以达到缓解南部地区生态承载压力并保持其他地区盈余状态的目标。

6.5 本 章 小 结

本章在系统分析生态资源供给能力与需求水平的基础上，基于生态资源供需动态平衡关系开展了 2005～2019 年哈萨克斯坦生态承载力与承载状态评估，分析了 2030 年不同情景下生态资源供需变化给区域生态承载力带来的影响并提出了生态承载力谐适策略，得到的主要研究结论如下。

（1）哈萨克斯坦生态资源供给总量多年均值约为 5.99×10^{14}g C，单位面积生态资源供给能力约为 167.75g C/m^2，低于丝绸之路共建国家和地区平均水平。哈萨克斯坦生态资源供给能力区域差异明显，总体上呈现东北向西南递减的规律，北部、东部和东南部高于西部、西南部和中部地区。

（2）哈萨克斯坦生态资源消耗水平呈波动增加态势，草地生态资源消耗占比超过80%，在生态资源消耗中占主导地位。受到生态资源贸易流动、城市化水平提高、居民收入水平提高等因素的影响，哈萨克斯坦城乡生态资源消耗强度均处于增加态势，但城乡间生态资源消耗强度差距日益缩小。

（3）哈萨克斯坦生态承载力呈现宽幅波动、略有上升的态势，到 2019 年，哈萨克斯坦生态承载力约为 14770 万人；与实际人口数量（1840 万人）相比，尚存在 12930 万人的生态承载空间，生态承载力处于富富有余状态。哈萨克斯坦州域之间生态承载力差异悬殊，高低相差达 40000 余倍；除曼格斯套州 2019 年生态承载力处于临界超载状态外，其他州域生态承载力始终处于富富有余状态。

（4）在基准情景、绿色丝路愿景、区域竞争情景三种情景下，到 2030 年，哈萨克斯坦生态资源供给能力整体下降、消耗水平整体上升，进而导致剩余生态承载空间会大幅缩减，特别是对于哈萨克斯坦南部州域，生态承载力可能会处于超载状态。

为应对哈萨克斯坦未来可能面临的生态超载风险，在绿色丝绸之路建设过程中需要通过加强生态系统管理措施来提升生态系统的供给能力，加大国内外区域间交流合作来补足生态资源供给缺口，提升生态资源利用效率来降低人类活动对区域生态系统带来的压力。

第7章 资源环境承载力综合评价

在哈萨克斯坦人居环境适宜性、水土资源和生态承载力分类评价以及社会经济发展水平评价的基础上，提出了从适宜性分级、限制性分类到适应性分类，包含人居环境、资源环境承载力与社会经济发展水平的资源环境承载力综合评价思路与技术体系。在此基础上，从全国、分州（直辖市数据合并至邻近州计算）尺度，定量评价哈萨克斯坦资源环境的综合承载力，探讨哈萨克斯坦资源环境综合承载状况与限制性因素。

7.1 引　　言

资源环境承载力（resource and environmental carrying capacity, RECC）综合评价旨在量化讨论区域资源环境承载"上限"。资源环境承载力作为生态学、地理学、资源环境科学等学科的研究热点和理论前沿（樊杰等，2015），不仅是一个探讨"最大负荷"的具有人类极限意义的科学命题（封志明等，2017），而且是一个极具实践价值的人口与资源环境协调发展的政策议题，甚至是一个涉及人与自然关系、关乎人类命运共同体的哲学问题（国家人口发展战略研究课题组，2007）。20世纪末期以来，出于对资源耗竭和环境恶化的科学关注，资源环境承载力在区域规划、生态系统服务评估、全球环境现状与发展趋势以及可持续发展研究领域受到越来越多的重视（Assessment，2005；Imhoff et al.，2004；Running，2012）。近几十年来，资源环境承载力评价从分类到综合，已由关注单一资源约束（竺可桢，1964；封志明，1990；谢高地等，2011）发展到人类对资源占有的综合评估。资源环境承载力综合研究兴起以来，为统一量纲，人们试图把不同物质折算成能量、货币或其他尺度（严茂超和Odum，1998；闵庆文等，2005；李泽红等，2013），以求横向对比与综合计量。资源环境承载力定量评价与综合计量是资源环境承载力研究由分类走向综合、由基础走向应用的关键环节。

哈萨克斯坦作为中亚国土面积最大的国家，是全球生态环境问题最为突出的地区之一（Lebed，2008）。哈萨克斯坦是中亚地区第二人口大国，2019年人口总量为1851.39万人，仅次于乌兹别克斯坦。哈萨克斯坦干旱少雨，全国平均产水系数仅有0.08，水资源量匮乏，为491.5亿 m^3，同时，水资源可利用率较低，全国平均水资源可利用率约为17.9%。进入21世纪以来，随着社会经济的发展和人口数量的增加，哈萨克斯坦的粮食需求持续增长，资源利用强度不断加强，水资源供需矛盾日益突出（Yu et al.，2019），气候变暖以及人类活动的影响，加剧了哈萨克斯坦生态系统的退化、水土流失、土壤盐渍化等问题（热依莎·吉力力，2018），哈萨克斯坦的人地关系矛盾日益突出（Karthe et al., 2015)。如何实现人口与资源环境和社会经济的协调发展是哈萨克斯坦迫切需要解决的问题。科学量化和评估哈萨克斯坦资源环境承载力，是提高哈萨克斯坦人地关系协调程度、促进区域可持续发展的现实需求。

本章以水土资源和生态环境承载力分类评价为基础，结合人居环境自然适宜性评价与社会经济发展适应性评价，提出了"人居环境适宜性分区—资源环境限制性分类—社会经济适应性分等—承载能力警示性分级"的资源环境承载能力综合评价思路与技术集成路线，构建了具有平衡态意义的资源环境承载能力综合评价的三维空间四面体模型；面向绿色丝绸之路的现实需求，以公里格网为基础，以分州为基本研究单元，系统评估了哈萨克斯坦资源环境承载力与承载状态，定量揭示了哈萨克斯坦资源环境承载力的地域差异与变化特征；在此基础上，研究提出了增强哈萨克斯坦资源环境承载力的适应策略与对策建议。

7.2　哈萨克斯坦资源环境承载能力定量评价与限制性分类

本章在水土资源承载力和生态环境承载力分类评价与限制性分类的基础上，从分类到综合，定量评估了哈萨克斯坦的资源环境承载能力，从全国到分州，完成了哈萨克斯坦资源环境承载力定量评价与限制性分类，为哈萨克斯坦及其不同地区的资源环境承载能力综合评价与警示性分级提供了量化支持。

7.2.1　全国水平

1. 资源环境承载能力分布

哈萨克斯坦资源环境承载能力在 6722 万人水平，约 4/5 集中在北部和东部地区。其中，哈萨克斯坦生态承载力达到 13150.63 万人，具有较大的生态发展空间，土地资源承载力为 5665.17 万人，水资源承载力只有 1623.46 万人，水资源匮乏及开发利用率低是哈萨克斯坦资源环境承载能力的主要限制因素。

哈萨克斯坦约 7/10 以上资源环境承载能力集中在占地约 1/3 的哈萨克斯坦北部和东部州域，即东哈萨克斯坦州、阿克莫拉州、北哈萨克斯坦州、科斯塔奈州、阿拉木图州，其资源环境承载能力分别为 967.10 万人、871.66 万人、870.40 万人 、860.32 万人 和 813.50 万人，合计为 4282.98 万人，占全国资源环境承载能力的 70%，是哈萨克斯坦资源环境承载能力的主要潜力地区（表 7-1）。

表 7-1　哈萨克斯坦 2015 年分州资源环境承载力统计表　　　　（单位：万人）

州	资源环境承载力	生态承载力	水资源承载力	土地资源承载力
东哈萨克斯坦州	967.10	2317.60	240.77	342.94
阿克莫拉州	871.66	1249.11	121.96	1170.49

州	资源环境承载力	生态承载力	水资源承载力	土地资源承载力
北哈萨克斯坦州	870.40	1230.59	88.06	1292.54
科斯塔奈州	860.32	1424.55	70.77	1085.65
阿拉木图州	813.50	1311.65	633.54	516.17
卡拉干达州	487.15	1245.39	119.29	269.44
阿克托别州	346.32	902.69	29.77	106.49
西哈萨克斯坦州	342.96	926.44	16.97	85.46
南哈萨克斯坦州	328.55	609.22	128.75	247.68
巴甫洛达尔州	314.08	802.16	49.46	243.50
江布尔州	264.50	497.56	115.38	180.56
克孜勒奥尔达州	153.39	352.04	0.36	107.76
阿特劳州	82.11	228.11	3.69	14.53
曼格斯套州	20.05	53.50	4.69	1.96

2. 资源环境承载密度分布

哈萨克斯坦资源环境承载密度均值在 24.62 人/km²，东部和北部地区普遍高于中西部地区。哈萨克斯坦资源环境承载能力研究表明，2015 年哈萨克斯坦资源环境承载密度均值是 24.26 人/km²，接近 4 倍于现实人口密度 6.38 人/km²。其中，生态承载密度均值是 48.16 人/km²，远远高于现实人口密度；土地资源承载密度均值是 20.75 人/km²，水资源承载密度均值是 5.95 人/km²，与现实人口相比，水资源承载力具有一定程度的地域约束性。

哈萨克斯坦资源环境承载密度为 1.21~88 人/km²，东部和北部地区普遍高于中西部地区。地处北部地区的阿克莫拉州、北哈萨克斯坦州等地区资源环境承载能力较强，资源环境承载密度为 59~88 人/km²；而地处哈萨克斯坦西南地区的曼格斯套州、克孜勒奥尔达和阿特劳州等地区，资源环境承载密度不超过 7 人/km²，地域差异显著。

7.2.2 分州格局

基于哈萨克斯坦分州的资源环境承载能力评价表明，哈萨克斯坦分州资源环境承载密度为 1~88 人/km²，密度均值为 24.62 人/km²。其中，50%州域高于全国平均水平，最高（北哈萨克斯坦州）可达 88.03 人/km²；50%州域低于全国平均水平，最低（曼格斯套州）不到 2 人/km²。从地域分异看，东部和北部地区资源环境承载能力普遍好于中西部地区，分州资源环境承载能力地域差异显著。

据此，以哈萨克斯坦分州资源环境承载密度均值 24.62 人/km² 为参考指标，确定资源环境承载能力 25~50 人/km² 为中等水平，将哈萨克斯坦 14 个州域按照资源环境承载密度相对高低，可以分为较强、中等、较弱三类地区，分别以 H、M 和 L 表示。从分州总体情况看，哈萨克斯坦分州资源环境承载能力总体处于中等偏下水平（图 7-1 和图 7-2）。

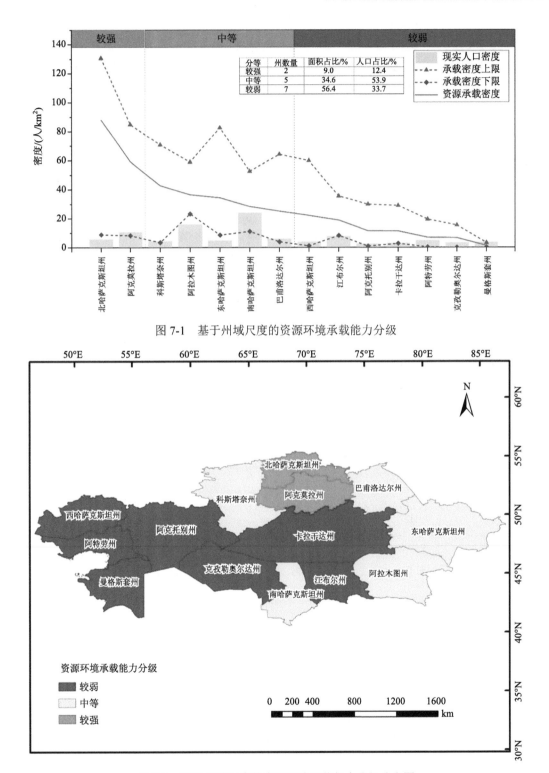

图 7-1 基于州域尺度的资源环境承载能力分级

图 7-2 基于州域尺度的资源环境承载能力分级分布图

1. 资源环境承载能力较强区域

资源环境承载能力较强的州有两个，其中阿克莫拉州受到水资源承载力影响。资源环境承载密度介于 59～88 人/km²，远高于全国平均水平；相应人口 216.12 万人，占比 12.41%；主要分布在哈萨克斯坦中北部地区。根据资源环境限制性，北哈萨克斯坦州基本未受水土资源和生态环境承载力限制，阿克莫拉州受到水资源承载力不足影响（表 7-2，图 7-3）。

（1）H_W，水资源限制：阿克莫拉州，2015 年资源环境承载力为 871.66 万人，占全国总量的 12.97%，承载密度为 59.28 人/km²，是全国平均水平的 2.41 倍，资源环境承载能力位居第二。阿克莫拉州位于哈萨克斯坦中北部地区，哈萨克丘陵北部，耕地和草地是其主要土地利用类型。阿克莫拉州以农业为主，耕地资源丰富，是哈萨克斯坦重要的粮食生产基地和农业活动集聚区之一，土地承载密度为 79.61 人/km²，是现实人口密度的八倍之多，土地资源承载能力不言而喻。生态承载密度为 84.95 人/km²，九倍于现实人口密度，生态资源承载能力较强。水资源匮乏及较低的水资源开发利用率使得水资源承载能力较低，水资源承载密度为 8.29 人/km²，低于现实人口密度，成为该州的主要限制性因素。

（2）H_{NONE}，无限制：北哈萨克斯坦州，2015 年资源环境承载力为 870.40 万人，占全国总量的 12.95 %，承载密度为 88.03 人/km²，是全国平均水平的 3.58 倍，资源环境承载能力位居第一。北哈萨克斯坦州位于哈萨克斯坦最北部平原，耕地和草地是其主要土地利用类型。生态承载密度达到 124.47 人/km²，位居全国首位，约 24 倍于现实人口密度，生态承载能力最强；耕地广布，土地资源承载密度达 130.73 人/km²，约 25 倍于现实人口密度，足见土地资源承载能力之强；相比于其他州域，水资源承载密度相对较高，为 8.91 人/km²，高于现实人口密度。水土资源与生态环境承载空间充裕，均未受到限制。

表 7-2　资源环境承载能力较强州域限制性分析　　　　　　（单位：人/km²）

限制型	区域	资源环境承载密度	分项承载密度			现实人口密度
			生态	水资源	土地资源	
H_W	阿克莫拉州	59.28	84.95	8.29	79.61	9.16
H_{NONE}	北哈萨克斯坦州	88.03	124.47	8.91	130.73	5.78

2. 资源环境承载能力中等区域

资源环境承载能力中等的州有 5 个，水资源承载力限制性较强。哈萨克斯坦资源环境承载能力中等的 5 个州资源环境承载密度大多介于 25～43 人/km²，接近全国平均水平；相应人口 938.41 万人，占比 53.88 %；主要分布在哈萨克斯坦东部地区，多数受到水资源承载力限制。根据资源环境限制性，除去基本未受水土资源和生态环境限制的东哈萨克斯坦州、阿拉木图州外，其他 3 州可以分为水资源限制、水土资源限制（表 7-3，图 7-4）。

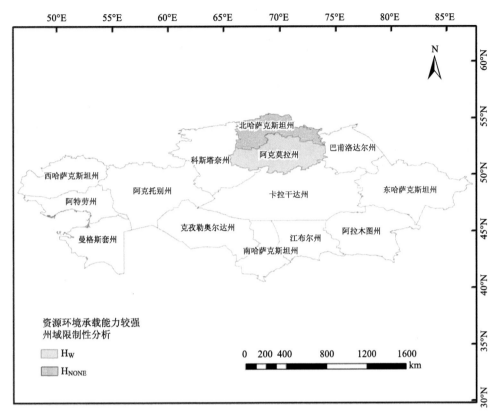

图 7-3　资源环境承载能力较强州域限制性分析空间分布图

（1）M_W，水资源限制：包括巴甫洛达尔州和科斯塔奈州，耕地资源丰富，是哈萨克斯坦重要的粮食生产基地和农业活动集聚区，位于哈萨克斯坦北部地区，但水资源较匮乏，且水资源利用率较低是主要限制性因素，水资源环境承载力表现出一定限制性。其中，巴甫洛达尔州，2015 年资源环境承载力为 314.08 万人，占全国总量的 4.67 %，承载密度为 25.11 人/km²，是全国平均水平的 1.02 倍，资源环境承载能力中等。巴甫洛达尔州位于哈萨克斯坦西北部平原，草地和耕地是其主要土地利用类型。生态承载密度达到 64.13 人/km²，约 10 倍于现实人口密度，生态承载能力较强；土地资源承载密度 19.47 人/km²，约 3 倍于现实人口密度，土地资源承载能力较高；水资源承载密度为 3.95 人/km²，低于现实人口密度，表现出一定的限制性。土地和生态承载密度均高于现实人口密度，均不构成资源环境承载力的限制因素。

科斯塔奈州，2015 年资源环境承载力为 860.32 万人，占全国总量的 12.80 %，承载密度为 42.79 人/km²，是全国平均水平的 1.74 倍，资源环境承载能力中等。科斯塔奈州位于哈萨克斯坦北部平原，草地和耕地是其主要土地利用类型。生态承载密度达到 70.85 人/km²，约 15 倍于现实人口密度，生态承载能力较强；科斯塔奈州的土地承载密度为 53.99 人/km²，约 10 倍于现实人口密度，足见其土地资源承载能力之高；水资源承载密度为 3.52 人/km²，低于现实人口密度，表现出一定的限制性。土地和生态承载密度均高于现实人口密度，均不构成资源环境承载力的限制因素。

（2）M_{LW}，水土资源限制：南哈萨克斯坦州，2015年资源环境承载力为328.55万人，占全国总量的4.89%，承载密度为28.35人/km²，是全国平均水平的1.15倍，资源环境承载能力中等。地处哈萨克中南部地区，林地、草地占比高，生态承载密度较高，为52.56人/km²，生态承载力较强；水资源较为稀缺，水资源承载密度较低，为11.11人/km²，水资源承载力较低；耕地资源较少，土地资源承载密度较低，为21.37人/km²，水土资源限制性较高。人口相对集聚，水土资源承载空间紧张，水土资源表现出较强约束性。

（3）M_{NONE}，无限制：包括东哈萨克斯坦州和阿拉木图州。其中，东哈萨克斯坦州2015年资源环境承载力为967.10万人，占全国总量的14.39%，承载密度为34.46人/km²，是全国平均水平的1.40倍，资源环境承载能力中等。东哈萨克斯坦州位于哈萨克斯坦最东部地区，北部为阿勒泰山，西部为哈萨克丘陵，草地、林地和耕地是其主要土地利用类型。生态承载密度达到82.59人/km²，约16倍于现实人口密度，生态承载能力较强；东哈萨克斯坦州的土地承载密度为12.22人/km²，约3倍于现实人口密度，土地资源承载能力较强；水资源承载密度为8.58人/km²，高于现实人口密度。水土生态承载密度均高于现实人口密度，均不构成资源环境承载力的限制因素。

阿拉木图州2015年资源环境承载力为813.50万人，占全国总量的12.10%，承载密度为36.55人/km²，是全国平均水平的1.48倍，资源环境承载能力中等。阿拉木图州位于哈萨克斯坦最东南地区，东南部为天山山脉，西北部为巴尔喀什湖，草地、耕地和林地是其主要土地利用类型。生态承载密度达到58.93人/km²，约3倍于现实人口密度，生态承载能力较强；土地承载密度为23.19人/km²，水资源承载密度为28.46人/km²，均高于现实人口密度，均不构成资源环境承载力的限制因素。

表7-3　哈萨克斯坦资源环境承载能力中等州域限制性分析　　　（单位：人/km²）

限制型	区域	资源环境承载密度	分项承载密度			现实人口密度
			生态	水资源	土地资源	
M_W	巴甫洛达尔州	25.11	64.13	3.95	19.47	6.04
	科斯塔奈州	42.79	70.85	3.52	53.99	4.38
M_{LW}	南哈萨克斯坦州	28.35	52.56	11.11	21.37	24.05
M_{NONE}	东哈萨克斯坦州	34.46	82.59	8.58	12.22	4.97
	阿拉木图州	36.55	58.93	28.46	23.19	16.01

3. 资源环境承载能力较弱区域

资源环境承载力较弱的州有7个，除江布尔州外，均受到水土资源承载力限制。资源环境承载能力较弱的7个州资源承载密度大多为6～23人/km²，低于全国平均水平；相应人口587.05万人，占比33.71%；大片分布在哈萨克斯坦中西部地区，绝大多数受

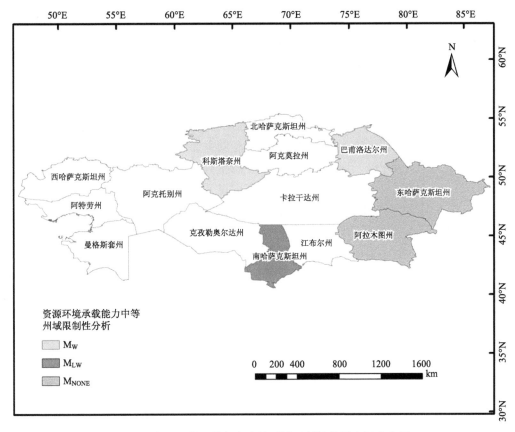

图 7-4　资源环境承载能力中等州域限制性分析空间分布图

到水土资源承载能力严重限制。根据资源环境限制性,除去现有人口基本未受到水土资源和生态环境限制的江布尔州外,其他 6 个州域可以分为以下 3 种主要限制类型(表 7-4,图 7-5)。

(1) L_W,水资源限制:包括克孜勒奥尔达州、卡拉干达州、阿克托别州、西哈萨克斯坦州等 4 个州,横跨哈萨克斯坦中西部地区,分布较为集中,水资源匮乏,水资源可利用率较低,水资源可利用量较少,水资源压力巨大,水资源成为区域资源环境承载力主要限制性因素。其中,克孜勒奥尔达州,2015 年资源环境承载力为 153.39 万人,占全国总量的 2.28%,承载密度为 6.69 人/km²,是全国平均水平的 0.27 倍,资源环境承载能力较弱。克孜勒奥尔达州位于哈萨克斯坦南部图兰低地,裸地、草地和耕地是其主要土地利用类型。生态承载密度达到 15.36 人/km²,约 5 倍于现实人口密度,生态承载能力较强;土地资源承载密度 4.70 人/km²,略高于现实人口密度,水资源承载密度为 0.02 人/km²,远低于现实人口密度,表现出很强的限制性。土地和生态承载密度均高于现实人口密度,均不构成资源环境承载力的限制因素。

卡拉干达州,2015 年资源环境承载力为 342.96 万人,占全国总量的 5.10%,承载密度为 22.14 人/km²,是全国平均水平的 0.90 倍,资源环境承载能力较弱。卡拉干达州位于哈萨克斯坦中部哈萨克丘陵地区,草地是其主要土地利用类型。生态承载密度达到

28.98 人/km²，约 10 倍于现实人口密度，生态承载能力较强；土地资源承载密度 6.27 人/km²，约 2 倍于现实人口密度；水资源承载密度为 2.78 人/km²，低于现实人口密度，表现出一定的限制性。土地和生态承载密度均高于现实人口密度，均不构成资源环境承载力的限制因素。

阿克托别州，2015 年资源环境承载力为 346.32 万人，占全国总量的 5.15 %，承载密度为 11.48 人/km²，是全国平均水平的 0.47 倍，资源环境承载能力较弱。阿克托别州位于哈萨克斯坦中西部哈萨克丘陵地区，草地是其主要土地利用类型。生态承载密度达到 29.92 人/km²，约 10 倍于现实人口密度，生态承载能力较强；土地资源承载密度 3.53 人/km²，略高于现实人口密度；水资源承载密度仅为 0.99 人/km²，低于现实人口密度，表现出较强的限制性。土地和生态承载密度均高于现实人口密度，均不构成资源环境承载力的限制因素。

西哈萨克斯坦州，2015 年资源环境承载力为 342.96 万人，占全国总量的 5.10 %，承载密度为 22.14 人/km²，是全国平均水平的 0.90 倍，资源环境承载能力较弱。西哈萨克斯坦州位于哈萨克斯坦最西部里海沿岸低地，草地是其主要土地利用类型。生态承载密度达到 59.80 人/km²，约 14 倍于现实人口密度，生态承载能力较强；土地资源承载密度 5.52 人/km²，略高于现实人口密度，土地资源承载能力尚可；水资源承载密度为 1.10 人/km²，远低于现实人口密度，表现出较强的限制性。土地和生态承载密度均高于现实人口密度，均不构成资源环境承载力的限制因素。

（2）L_{LW}，水土资源限制：阿特劳州，2015 年资源环境承载力为 82.11 万人，占全国总量的 1.22 %，承载密度为 7.00 人/km²，是全国平均水平的 0.28 倍，资源环境承载能力较弱。阿特劳州位于哈萨克斯坦最西部地区，里海沿岸低地，土地利用类型主要以草地为主，生态承载密度较高，为 19.44 人/km²，生态承载力较强；其基本没有耕地分布，粮食产量极低，不足 10 万 t，食物生产非常有限，土地承载密度较低，为 1.24 人/km²，土地资源承载力较低，土地资源承载压力大。水资源匮乏且开发利用率较低，水资源承载密度仅为 0.31 人/km²，水土资源承载力相对较弱，水土资源限制性突出。

（3）L_{LWE}，水土资源和生态环境限制：曼格斯套州，2015 年资源环境承载力为 20.05 万人，占全国总量的 0.30 %，承载密度为 1.21 人/km²，是全国平均水平的 0.05 倍，资源环境承载能力较弱。曼格斯套州位于里海沿岸低地，地处哈萨克斯坦西南地区，土地利用类型主要以裸地为主，不生产粮食，土地生产能力较弱，土地承载密度为 0.12 人/km²，土地资源承载力较低，土地资源承载压力大。生态承载密度较低，为 3.22 人/km²，生态承载能力较弱。曼格斯套州降水较少，水资源可利用量较低，水资源量匮乏、水资源可利用率也较低，其水资源承载密度为 0.28 人/km²，水资源承载力较弱。水、土地和生态均构成该州资源环境承载力的限制因素。

（4）L_{NONE}，无限制：江布尔州，2015 年资源环境承载力为 264.50 万人，占全国总量的 3.93 %，承载密度为 18.85 人/km²，是全国平均水平的 0.77 倍，资源环境承载能力较弱。江布尔州位于哈萨克斯坦南部，天山以北，草地、林地和耕地是其主要土地利用类型。生态承载密度达到 35.46 人/km²，约 5 倍于现实人口密度，生态承载能力较强；

土地资源承载密度 12.87 人/km²，高于现实人口密度，土地资源承载能力尚可；水资源承载密度为 8.22 人/km²，略高于现实人口密度。水土生态均不构成资源环境承载力的限制因素。

表 7-4　哈萨克斯坦资源环境承载能力较弱州域限制性分析　　（单位：人/km²）

限制型	区域	资源环境承载密度	分项承载密度			现实人口密度
			生态	水资源	土地资源	
L_W	克孜勒奥尔达州	6.69	15.36	0.02	4.70	3.29
	卡拉干达州	11.34	28.98	2.78	6.27	3.21
	阿克托别州	11.48	29.92	0.99	3.53	2.73
	西哈萨克斯坦州	22.14	59.80	1.10	5.52	4.07
L_{LW}	阿特劳州	7.00	19.44	0.31	1.24	4.95
L_{LWE}	曼格斯套州	1.21	3.22	0.28	0.12	3.65
L_{NONE}	江布尔州	18.85	35.46	8.22	12.87	7.83

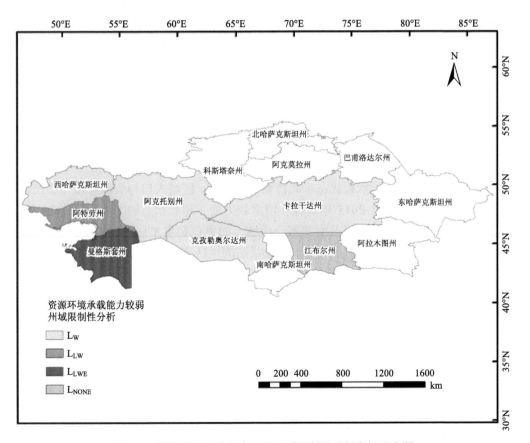

图 7-5　资源环境承载能力较弱州域限制性分析空间分布图

7.3 哈萨克斯坦资源环境承载能力综合评价与警示性分级

本节在资源环境承载力分类评价与限制性分类的基础上，结合人居环境自然适宜性评价与适宜性分区和社会经济发展适应性评价与适应性分等，建立了基于人居环境适宜指数（HSI）、资源环境限制指数（REI）和社会经济适应指数（SDI）的资源环境承载指数（PREDI）模型；基于资源环境承载指数（PREDI）模型，以分州为基本研究单元，从全国和分州2个不同尺度，完成了哈萨克斯坦资源环境承载能力综合评价与警示性分级，揭示了哈萨克斯坦不同地区的资源环境承载状态及其超载风险。

7.3.1 全国水平

1. 资源环境承载状态主要特征

哈萨克斯坦资源环境承载能力以平衡以上为主要特征，近 25%的人口分布在占地60%的资源环境承载能力平衡或盈余地区。基于资源环境承载指数（PREDI）的资源环境承载能力综合评价表明：哈萨克斯坦 2015 年资源环境承载指数介于 0.69～1.33，均值为 1.016，资源环境承载能力总体处于平衡状态。其中，资源环境承载力处于盈余状态的地区面积占比 8.43 %，相应人口 113.48 万人，占比 6.51%；处于平衡状态的地区面积占比48.64 %，相应人口265.60 万人，占比 15.25%；处于超载状态的地区面积占比42.93 %，相应人口 1362.49 万人，占比 78.23 %。

2. 资源环境承载状态分布

哈萨克斯坦资源环境承载状态东北普遍优于西南，区域人口与资源环境社会经济关系有待协调。哈萨克斯坦 2015 年资源环境承载力处于超载状态的区域主要分布在西南地区，地处里海沿岸低地，以及南部部分州域，如克孜勒奥尔达州、南哈萨克斯坦州、江布尔州及阿拉木图州部分地区；处于平衡状态的地区主要分布于中东部地区，如卡拉干达州、东哈萨克斯坦州部分地区，以及北部州域部分地区；处于盈余状态的地区主要分布在北部地区，如北哈萨克斯坦州、阿克莫拉州、科斯塔奈州，以及东部地区的东哈萨克斯坦州、阿拉木图州的部分地区。全国三成人口分布在资源环境盈余或平衡地区，人口与资源环境社会经济关系有待协调。

7.3.2 分州格局

从分州格局看，哈萨克斯坦分州资源环境承载能力以平衡或盈余为主，东部地区普遍优于西部地区。根据资源环境承载能力警示性分级标准，将哈萨克斯坦 14 个州按照资源环境承载指数（PREDI）高低，分为盈余、平衡和超载三类地区，并进一步讨论了区域资源环境承载能力的限制属性类型（图 7-6 和图 7-7）。其中，Ⅰ、Ⅱ、Ⅲ分别代表盈余、平衡、超载三个警示性分级；E 代表人居环境适宜性、R 代表资源环境限制性、D 代表社会经济适应性，也可以联合表达双重性或三重性，诸如 II_{ED}、III_{ERD} 等。

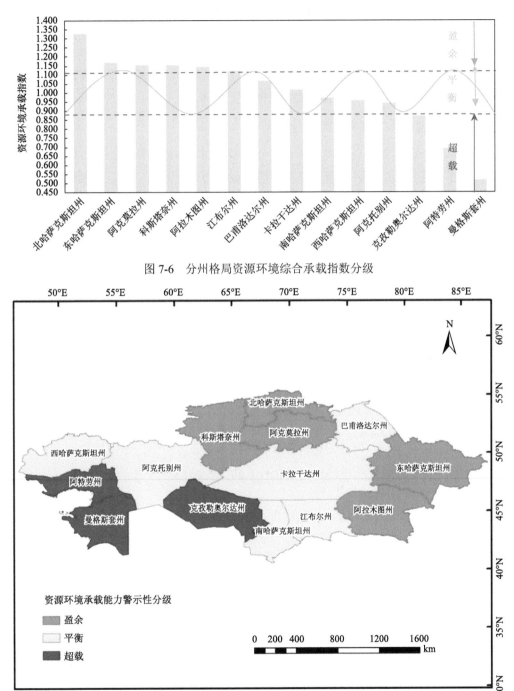

图 7-6　分州格局资源环境综合承载指数分级

图 7-7　基于分州尺度的资源环境承载能力警示性分级空间分布图

统计表明，哈萨克斯坦现有 5 个州的资源环境承载指数高于 1.125，资源环境承载力处于盈余状态，主要位于东南部和中北部地区；有 6 个州的资源环境承载指数为 0.875~1.125，资源环境承载力处于平衡状态，主要位于中部和西部地区；有 3 个州的资源环境承载指数低于 0.875，资源环境承载能力处于超载状态，主要分布在西南部地区。从地域类型看，哈萨克斯坦分州 79%以上的资源环境承载能力平衡或盈余，超载不足 21%；从地域分布看，中东部地区各州资源环境承载能力普遍优于西南地区，地域差异显著。哈萨克斯坦资源环境承载能力整体趋于平衡。

1. 资源环境承载力盈余区域

资源环境承载能力盈余的州有 5 个，分布中北部和东南部地区，人口与资源环境社会经济关系有待优化。哈萨克斯坦资源环境承载能力盈余的 5 个州，资源环境承载指数为 1.14~1.33，面积占比 34.80 %；相应人口 800.16 万人，占比 45.94 %；平均人口密度为 8.42 人/km²。集中分布在中北部和东南部地区，具有较大的资源环境发展空间，人口与资源环境社会经济关系有待优化。

根据人居环境适宜性、资源环境限制性和社会经济适应性的地域差异，除去 HSI/REI/SDI 等指数普遍高于全国平均水平的北哈萨克斯坦州、科斯塔奈州，其他 3 个资源环境承载能力盈余的州区为人居环境限制型和人居环境与社会经济限制性（图 7-8，表 7-5）。

（1）I_E，人居环境限制型：包含阿克莫拉州和东哈萨克斯坦州，其中，阿克莫拉州资源环境承载指数为 1.15，资源环境承载能力总体处于盈余状态。其中，资源环境承载能力盈余地区占地 17.99%，相应人口占比 7.50%；平衡地区占地 52.47%，相应人口占比 15.05%；超载地区占地 29.54%，相应人口占比 77.44%。全州 23%以上的人口分布在资源环境承载能力盈余或平衡地区，人口与资源环境社会经济发展有待协调。阿克莫拉州位于哈萨克丘陵以北地区、额尔齐斯河上中游地区，人居环境指数仅为 0.97，人居环境适宜性较差，但较低的资源环境限制性和较高的社会经济适应性，提高了区域资源环境承载能力。

东哈萨克斯坦州资源环境承载指数为 1.17，资源环境承载能力总体处于盈余状态。其中，资源环境承载能力盈余地区占地 10.62%，相应人口占比 9.01%；平衡地区占地 65.30%，相应人口占比 16.47%，全州 25%以上的人口分布在资源环境承载能力盈余或平衡地区，人口与资源环境社会经济发展有待协调。东哈萨克斯坦州位于阿尔泰山脉以西、额尔齐斯河上游地区，人居环境指数仅为 0.96，人居环境适宜性较差，但较低的资源环境限制性和较高的社会经济适应性，提高了区域资源环境承载能力。

（2）I_{DE}，人居环境与社会经济限制型：阿拉木图州，资源环境承载指数为 1.14，资源环境承载能力总体处于盈余状态。其中，超载地区占地 47.88%，相应人口占比 79.14%；平衡地区占地 46.96%，相应人口占比 6.62%；盈余地区占地 3.55%，相应人口占比 1.05%。全州近 80%以上的人口分布在资源环境承载能力超载地区，人口与资源环境社会经济关系有待协调。阿拉木图州位于哈萨克斯坦东南部、天山山脉西北部地区，草原辽阔，耕地较多，资源环境禀赋较好。但其平均地势起伏度最高，人居环境适宜性普遍较差，社会发展水平整体处于全国最低水平，社会经济适应指数仅为 **0.98**，社会经济发展欠佳。较差的人居环境和滞后的社会经济，限制了阿拉木图州资源环境承载力的发挥。

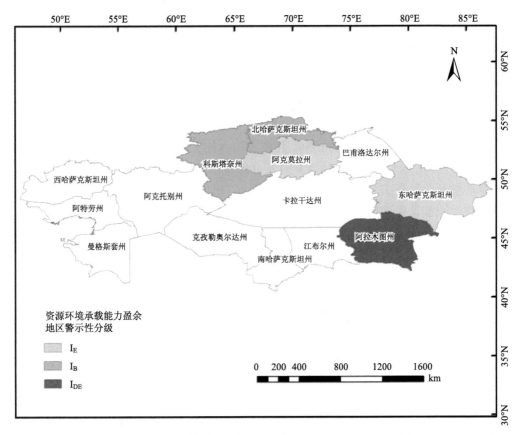

图 7-8　基于分州尺度的资源环境承载能力盈余地区警示性分级空间分布图

表 7-5　哈萨克斯坦资源环境承载能力盈余地区限制因素分析

状态	州	土地面积占比/%	人口			PREDI	HSI	SDI	REI
			数量/万人	占比/%	人口密度/（人/km²）				
I_E	东哈萨克斯坦州	10.28	139.55	8.01	4.97	1.17	0.96	1.00	1.22
	阿克莫拉州	5.38	158.94	9.13	10.81	1.15	0.97	1.04	1.13
I_{DE}	阿拉木图州	8.15	356.33	20.46	16.01	1.14	0.97	0.98	1.21
I_B	北哈萨克斯坦州	3.62	57.18	3.28	5.78	1.33	1.04	1.05	1.21
	科斯塔奈州	7.36	88.16	5.06	4.38	1.15	1.00	1.02	1.14
	小计	34.80	800.16	45.94	8.42	1.19	0.99	1.02	1.18

2. 资源环境承载力平衡区域

资源环境承载能力平衡的州有 6 个，集中在哈萨克斯坦中部和西部地区，人口与资源环境社会经济关系有待协调。哈萨克斯坦资源环境承载能力平衡的 6 个州资源环境承载指数大多为 0.94～1.12，相应人口 747.29 万人，占比 42.91 %；平均人口密度为 5.90 人/km^2。集中在哈萨克斯坦中部和西部地区，具有一定的资源环境发展空间，人口与资源环境社会经济关系有待协调。

根据人居环境适宜性、资源环境限制性和社会经济适应性的地域差异，6 个资源环境承载能力平衡的州可以划分为以下 5 种主要限制类型（图 7-9，表 7-6）。

（1）II_E，人居环境限制型：巴甫洛达尔州，资源环境承载指数为 1.06，资源环境承载能力总体处于平衡状态。其中，资源环境承载能力盈余地区占地 19.11%，相应人口占比 7.24%；平衡地区占地 55.07%，相应人口占比 15.01%；超载地区占地 25.82%，相应人口占比 77.75%。全州 75%以上的人口分布在资源环境承载能力超载地区，人口与资源环境社会经济关系有待协调。巴甫洛达尔州位于哈萨克斯坦东北部地区，草原辽阔，耕地较多，矿产资源丰富，资源环境限制指数为 1.04，资源环境禀赋较好；巴甫洛达尔州交通通达性好，城市化率高，经济较为发达，社会经济适应指数达 1.05，社会经济发展水平较高。但人居环境指数仅为 0.98，人居环境适宜性较差，进一步限制了资源环境承载力的发挥。

（2）II_D，社会经济限制型：江布尔州，资源环境承载指数为 1.12，资源环境承载能力总体处于平衡状态。其中，超载地区占地 48.97%，相应人口占比 74.18%；平衡地区占地 48.31%，相应人口占比 20.68%；盈余地区占地 2.73%，相应人口占比 5.14%。全州近 75%以上的人口分布在资源环境承载能力超载地区，人口与资源环境社会经济关系有待协调。江布尔州位于哈萨克斯坦南部地区，林草地分布广泛、耕地较多，资源环境禀赋好；人居环境指数为 1.01，人居环境基础较好；交通通达性差，城市化率低，经济较为落后，社会经济适应指数仅为 0.97，社会经济发展适应性较低，严重阻碍了区域资源环境承载能力提升。

（3）II_{DE}，人居环境与社会经济限制型：卡拉干达州，资源环境承载指数为 1.02，资源环境承载能力总体处于平衡状态。其中，超载地区占地 28.18%，相应人口占比 92.37%；平衡地区占地 68.09%，相应人口占比 6.13%；盈余地区占地 3.73%，相应人口占比 1.50%。全州近 92%以上的人口分布在资源环境承载能力超载地区，人口与资源环境社会经济关系亟待协调。卡拉干达州位于哈萨克斯坦中部地区，大部分土地为农业用地，资源环境禀赋较好，距离港口最远，交通通达性差，城市化率低，经济较为落后，遍布起伏的丘陵，人居环境适宜性较差。受人居环境与社会经济发展限制，资源环境限制性较弱，社会经济适应性和人居环境适宜性较低，限制了区域资源环境承载能力的发挥。

（4）II_{DR}，资源环境与社会经济限制型：南哈萨克斯坦州和西哈萨克斯坦州。其中，南哈萨克斯坦州，资源环境承载指数为 0.97，资源环境承载能力总体处于平衡状态。其中，超载地区占地 64.54%，相应人口占比 70.56%；平衡地区占地 32.24%，相应人口占比 21.86%；盈余地区占地 3.21%，相应人口占比 7.58%。全州近 70%以上的人口分布在资源环境承载能力超载地区，人口与资源环境社会经济关系有待协调。南哈萨克斯坦州地处哈萨克斯坦最南部，天山山脉以东，人居环境适宜性较强，但资源稀缺，主要地形是丘陵和山地，交通不便，社会经济发展滞后。较强的资源环境限制性与较低的社会经济适应性限制了区域资源环境承载能力的发挥。

西哈萨克斯坦州，资源环境承载指数为 0.96，资源环境承载能力总体处于平衡状态。其中，超载地区占地 59.10%，相应人口占比 88.45%；平衡地区占地 37.78%，相应人口占比 10.07%；盈余地区占地 3.12%，相应人口占比 1.48%。全州近 88%以上的人口分布在资源环境承载能力超载地区，人口与资源环境社会经济关系有待协调。西哈萨克斯坦州地处哈萨克斯坦最西部，处于草原带和半荒漠带，资源匮乏。人口城市化率及土地城市化率在国内均处于低水平区域，经济较为落后。较强的资源环境限制性与较低的社会经济适应性限制了区域资源环境承载能力的发挥。

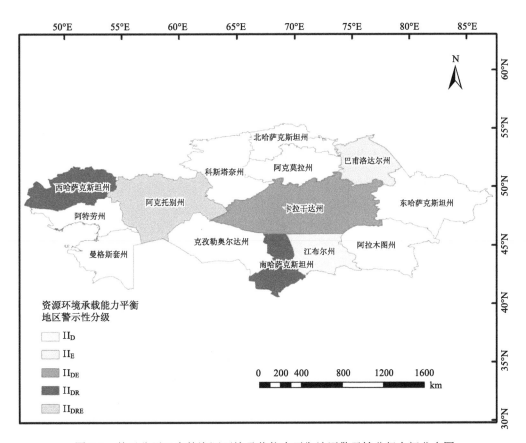

图 7-9　基于分州尺度的资源环境承载能力平衡地区警示性分级空间分布图

（5）II$_{DRE}$，人居环境、资源环境与社会经济限制型：阿克托别州，资源环境承载指数为 0.94，资源环境承载能力总体处于平衡状态。其中，超载地区占地 49.51%，相应人口占比 92.32%；平衡地区占地 46.94%，相应人口占比 6.62%；盈余地区占地 3.55%，相应人口占比 1.05%。全州近 93%以上的人口分布在资源环境承载能力超载地区，人口与资源环境社会经济关系有待协调。阿克托别州地处哈萨克斯坦中西部，人居环境指数、资源环境承载指数和社会经济适应指数均低于 1，受人居环境、资源环境与社会经济三重限制。不适宜的人居环境、较强的资源环境限制性和相对滞后的社会经济发展水平多重限制了区域资源环境承载能力的提升。

表 7-6　哈萨克斯坦资源环境承载能力平衡地区限制性因素分析

状态	州域	土地面积占比/%	人口			PREDI	HSI	SDI	REI
			数量/万人	占比/%	人口密度/（人/km^2）				
II$_D$	江布尔州	5.14	109.85	6.31	7.83	1.12	1.01	0.97	1.14
II$_E$	巴甫洛达尔州	4.58	75.58	4.34	6.04	1.06	0.98	1.05	1.04
II$_{DE}$	卡拉干达州	15.74	137.81	7.91	3.21	1.02	0.95	0.98	1.09
II$_{DR}$	南哈萨克斯坦州	4.24	278.79	16.01	24.05	0.97	1.05	0.98	0.94
	西哈萨克斯坦州	5.67	63.01	3.62	4.07	0.96	1.02	0.99	0.95
II$_{DRE}$	阿克托别州	11.05	82.26	4.72	2.73	0.94	0.99	0.99	0.97
	小计	46.43	747.29	42.91	5.90	1.01	1.00	0.99	1.02

3. 资源环境承载能力超载区域

资源环境承载能力超载的州有 3 个，分布在哈萨克斯坦东南部地区，人口与资源环境社会经济关系亟待调整。其资源环境承载指数大多介于 0.51～0.87 之间，相应人口 194.12 万人，占比 11.15 %；平均人口密度为 3.79 人/km^2，集中分布在西南部地区，位于里海沿岸低地，资源环境限制性突出，人口与资源环境社会经济关系亟待调整（图 7-10）。

根据人居环境适宜性、资源环境限制性和社会经济适应性的地域差异，哈萨克斯坦 3 个资源环境承载能力超载的州区可以划分为两种主要限制性类型（表 7-7）。

（1）III$_R$，资源环境限制型：阿特劳州，资源环境承载指数为 0.69，资源环境承载能力总体处于超载状态。其中，超载地区占地 86.78%，相应人口占比 99.36%；平衡地区占地 13.12%，相应人口占比 0.64%。全州近 100%的人口分布在资源环境承载能力超载地区，人口与资源环境社会经济关系亟待协调。阿特劳州是显著的资源环境限制型地区，地处里海沿岸低地，人居环境适宜性较高，社会经济发展水平位居全国中等偏上水平，但资源禀赋较差，资源环境限制指数仅为 0.68。耕地面积少，人口密度较高，人口聚集导致资源环境不堪重负，虽有高度适宜的人居环境和较高的社会经济发展水平，区域资源环境承载能力依然处于超载状态，人口与资源环境社会经济关系亟待协调。

（2）III$_{DR}$，社会经济与资源环境限制型：克孜勒奥尔达州和曼格斯套州。其中，克孜勒奥尔达州，资源环境承载指数为 0.87，资源环境承载能力总体处于超载状态。其中，超载地区占地 57.26%，相应人口占比 89.31%；平衡地区占地 42.56%，相应人口占比 10.03%。全州近 90%的人口分布在资源环境承载能力超载地区，人口与资源环境社会经济关系亟待协调。人居环境适宜性较高，但匮乏的资源禀赋和落后的经济发展水平限制了资源环境承载能力的发挥和提升。

曼格斯套州，资源环境承载指数为 0.51，资源环境承载能力总体处于超载状态。其中，超载地区占地 80.41%，相应人口占比 96.90%；平衡地区占地 19.51%，相应人口占比 3.10%。全州近 97%的人口分布在资源环境承载能力超载地区，人口与资源环境社会经济关系亟待协调。人居环境适宜性较高，但匮乏的资源禀赋和落后的经济发展水平限制了资源环境承载能力的发挥和提升。

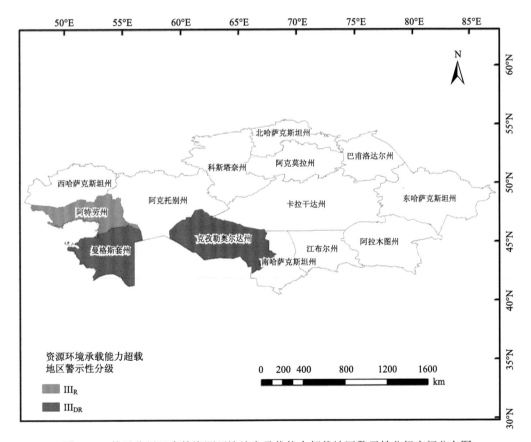

图 7-10 基于分州尺度的资源环境综合承载能力超载地区警示性分级空间分布图

表 7-7　哈萨克斯坦资源环境承载能力超载地区限制性因素分析

限制型	州	土地面积占比/%	人口			PREDI	HSI	SDI	REI
			数量/万人	占比/%	人口密度/（人/km²）				
III$_R$	阿特劳州	4.30	58.14	3.34	4.95	0.69	1.02	1.00	0.68
III$_{DR}$	克孜勒奥尔达州	8.39	75.30	4.32	3.29	0.87	1.02	0.98	0.87
	曼格斯套州	6.08	60.68	3.48	3.65	0.51	1.03	0.98	0.51
	小计	18.78	194.12	11.15	3.79	0.69	1.02	0.99	0.68

7.4　本章小结

7.4.1　基本结论

哈萨克斯坦资源环境承载能力综合评价研究，遵循"适宜性分区—限制性分类—适应性分等—警示性分级"的技术路线，从全国到分州，定量评估了哈萨克斯坦的资源环境承载能力，完成了哈萨克斯坦资源环境承载能力综合评价与警示性分级，揭示了哈萨克斯坦不同地区的资源环境承载状态及其超载风险，为促进区域人口与资源环境社会经济协调发展提供了科学依据和决策支持。基本结论如下。

1. 哈萨克斯坦资源环境承载能力总量尚可，维持在 6722 万人水平，4/5 以上集中在北部和东部地区

考虑水土资源和生态资源可利用性，哈萨克斯坦 2015 年资源环境承载能力总量在 6722 万人水平。其中，土地资源承载力 5665.17 万人，水资源承载力 1623.46 万人，生态承载力 13150.63 万人，匮乏的水资源和较低的水资源开发利用率是哈萨克斯坦资源环境承载能力的主要限制性因素。统计表明，哈萨克斯坦约 4/5 以上资源环境承载能力集中在占地约 1/2 哈萨克斯坦的北部和东部地区，即阿克莫拉州、北哈萨克斯坦州、巴甫洛达尔州、南哈萨克斯坦州、东哈萨克斯坦州、阿拉木图州和科斯塔奈州，其资源环境承载能力在 5025.61 万人水平，占全国的 80%，占地 45%，是哈萨克斯坦资源环境承载能力的主要潜力地区。

2. 哈萨克斯坦资源环境承载密度相对较弱，密度均值不足 25 人/km²，东北地区普遍高于西南地区

哈萨克斯坦国土广阔，资源环境承载密度较低，平均只有 24.62 人/km²，资源环境承载能力相对较弱。哈萨克斯坦资源环境承载能力地域差异显著，东北地区普遍高于西南地区。东北部地区的阿克莫拉州和北哈萨克斯坦州资源环境承载能力较强，资源环境承载密度均在 55~90 人/km²，远高于全国平均水平；西南地区资源环境承载能力较弱，资源环境承载密度均在 1～23 人/km²，远低于全国平均水平，曼格斯套州更是不到 2 人/km²。

3. 哈萨克斯坦资源环境承载能力以平衡及以上为主要特征，中东部地区优于西南地区，人口与资源环境社会经济关系有待协调

哈萨克斯坦资源环境承载指数为 0.69～1.33，均值为 1.016，资源环境承载能力总体处于平衡状态。哈萨克斯坦资源环境承载能力综合评价与警示性分级表明，盈余的 5 个州区主要分布在东部和北部；平衡的 6 个州主要分布中西部地区，超载的 3 个州主要分布在西南地区。哈萨克斯坦资源环境承载状态东北地区普遍优于西南地区，全国三成人口分布在占地六成的资源环境盈余或平衡地区，人口与资源环境社会经济关系有待协调。

4. 从人口与资源环境关系看，人口发展的"天花板"不高，需谨防中低用水效率带来的超载风险

根据 Our World in Data 网站（https://www.ourworldindata.org）的数据资料显示，综合考虑人口年龄结构、生育政策变动、预期寿命提高、人口迁移流动等多方因素预测，哈萨克斯坦最低估测人口可能在 2030～2035 年达到 2078.26 万～2150.52 万人。从哈萨克斯坦资源环境承载力的"天花板"和约束性"短板"来看，2015 年哈萨克斯坦资源环境承载能力足以支持现有的 1741.57 万人口规模，但倘若延续中低用水效率模式，2030～2035 年哈萨克斯坦的资源环境将面临超载风险，但可以通过提高用水效率和调节政策管控等措施应对，总体上不会引起水土资源和生态环境超载问题。

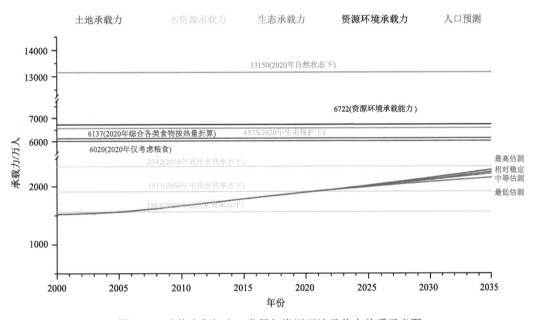

图 7-11　哈萨克斯坦人口发展与资源环境承载力关系示意图

7.4.2 对策建议

基于哈萨克斯坦资源环境承载能力定量评价与限制性分类和综合评价与警示性分级的基本认识和主要结论，面向绿色丝绸之路建设，研究提出了促进哈萨克斯坦人口与资源环境社会经济协调发展、人口分布与资源环境承载能力相适应的适宜策略和对策建议。

1. 因地制宜、分类施策，促进区域人口与资源环境社会经济协调发展

哈萨克斯坦资源环境承载能力总体处于平衡以上状态，相对滞后的社会经济发展水平进一步强化了哈萨克斯坦的资源环境限制性。研究表明，除去两个州人居环境适宜指数、资源环境限制指数和社会经济适应指数均高于全国平均水平、发展相对均衡外，其他 12 个州的资源环境承载能力或多或少受到人居环境适宜性、资源环境限制性和社会经济适应性等不同因素的影响（表 7-8）。其中，受到人居环境适宜性、资源环境限制性和社会经济适应性等单因素影响的有 5 个州、双因素影响的有 6 个州、三因素影响的有 1 个州；受到人居环境适宜性影响的有 6 个州，受到资源环境限制性影响的有 6 个州区，受到社会经济适应性限制的有 8 个州。由此可见，哈萨克斯坦不同州的资源环境承载能力地域差异显著，人居环境适宜性、资源环境限制性和社会经济适应性各不相同，亟待因地制宜、分类施策，促进区域人口与资源环境社会经济协调发展。

表 7-8　哈萨克斯坦分州资源环境承载能力限制因素分析

	限制因素类型	个数	州
	人居环境适宜性	3	东哈萨克斯坦州、阿克莫拉州、巴甫洛达尔州
单因素	资源环境限制性	1	阿特劳州
	社会经济适应性	1	江布尔州
双因素	人居环境适宜性-社会经济适应性	2	阿拉木图州、卡拉干达州
	资源环境限制性-社会经济适应性	4	南哈萨克斯坦州、西哈萨克斯坦州、克孜勒奥尔达州、曼格斯套州
多因素	人居环境适宜性-资源环境限制性-社会经济适应性	1	阿克托别州

2. 统筹解决区域水资源限制性问题，进一步提高哈萨克斯坦不同地区的资源环境承载能力

哈萨克斯坦资源环境承载能力总量尚可，但承载密度较低。生态承载力相对最高，土地承载力次之，水资源承载力相对不足，水资源匮乏和水资源开发利用率低已是哈萨克斯坦资源环境承载能力提升的主要限制因素。研究表明，除去 4 个州基本未受水土资源承载力和生态环境承载力限制，其他 10 个州的资源环境承载力或多或少受到水土资源或生态环境限制（表 7-9）。其中，受到水资源承载力限制的有 10 个州，受到土地资源承载力限制的有 3 个州，受到生态承载力限制的有 1 个州。由此可见，哈萨克斯坦不同地区的资源环境承载力大多受到水资源因素制约，亟待统筹解决区域水资源限制性问题，进一步提高哈萨克斯坦不同地区的资源环境承载能力。

表 7-9　哈萨克斯坦分州资源环境承载力限制性分类

	限制因素类型	个数	州
单因素	水资源承载力限制	7	克孜勒奥尔达州、卡拉干达州、阿克托别州、西哈萨克斯坦州、巴甫洛达尔州、科斯塔奈州、阿克莫拉州
双因素	水资源-土地资源承载力限制	2	阿特劳州、南哈萨克斯坦州
多因素	水资源-土地资源-生态承载力限制	1	曼格斯套州

3. 根据资源环境承载能力警示性分区合理布局人口，促进哈萨克斯坦人口分布与资源环境承载能力相适应

哈萨克斯坦资源环境承载能力主要受社会经济适应性影响，人居环境适宜性和资源环境限制性程度，进一步强化或弱化了哈萨克斯坦不同地区的资源环境承载能力。哈萨克斯坦经济社会建设应根据资源环境承载能力警示性分区合理布局人口，促进人口分布与资源环境承载力相适应。

哈萨克斯坦资源环境承载密度东北普遍高于西南，承载状态东北地区也普遍优于西南地区。占地 18.78%、相应人口占 11.15% 的资源环境承载能力超载的有 3 个州，都是资源环境承载能力较弱地区，社会经济发展滞后，人口发展潜力有限；占地 34.8%、相应人口占 45.94% 的资源环境承载能力盈余的有 5 个州，都是资源环境承载能力较强或中等地区，社会经济发展较快，资源禀赋好，具有一定人口发展潜力；占地 46.43%、相应人口占比 42.91% 的资源环境承载能力平衡的有 6 个州，除了南哈萨克斯坦州和巴甫洛达尔州资源环境承载能力中等，大多属于资源环境承载能力较弱地区，社会经济发展滞后，人居环境不适宜，资源禀赋较差，人口发展潜力一般。根据资源环境承载能力警示性分区，引导人口由人居环境不适宜地区向适宜地区或临界适宜地区、由资源环境承载能力超载地区向盈余地区或平衡有余地区、由社会经济发展低水平地区向中、高水平地区有序转移，促进哈萨克斯坦不同地区的人口分布与资源环境承载能力相适应，应是引导人口有序流动，促进人口合理布局的长期战略选择。

参 考 文 献

樊杰, 王亚飞, 汤青, 等. 2015. 全国资源环境承载能力监测预警(2014版)学术思路与总体技术流程. 地理科学, 35(1): 1-10.

封志明, 杨艳昭, 闫慧敏, 等. 2017. 百年来的资源环境承载力研究: 从理论到实践. 资源科学, 39(3): 379-395.

封志明. 1990. 区域土地资源承载能力研究模式雏议-以甘肃省定西州为例. 自然资源学报, 5(3): 271-274.

国家人口发展战略研究课题组. 2007. 国家人口发展战略研究报告. 人口研究, (3): 4-9.

李泽红, 董锁成, 李宇, 等. 2013. 武威绿洲农业水足迹变化及其驱动机制研究. 自然资源学报, 28(3):

410-416.

闵庆文, 李云, 成升魁, 等. 2005. 中等城市居民生活消费生态系统占用的比较分析——以泰州、商丘、铜川、锡林郭勒为例. 自然资源学报, 20(2): 286-292.

热依莎·吉力力, Issanova Gulnura, 吉力力·阿不都外力. 2018. 哈萨克斯坦水环境与水资源现状及问题分析. 干旱区地理, 41(3): 518-527.

谢高地, 曹淑艳, 鲁春霞. 2011. 中国生态资源承载力研究. 北京:科学出版社.

严茂超, Odum H T. 1998. 西藏生态经济系统的能值分析与可持续发展研究. 自然资源学报, 13(2): 116-125.

竺可桢. 1964. 论我国气候的几个特点及其与粮食作物生产的关系. 地理学报, 30(1): 1-13.

Assessment M E. 2005. Ecosystems and human well-being: Biodiversity synthesis. World Resources Institute, 42(1): 77-101.

Imhoff M L, Bounoua L, Ricketts T, et al. 2004. Global patterns in human consumption of net primary production. Nature, 429(24): 870-873.

Karthe D, Chalov S, Borchardt D. 2015. Water resources and their management in central Asia in the early twenty first century: Status challenges and future prospects. Environment Earth Science, 73(2):487-499.

Lebed L. 2008. Possible changes in agriculture under the influence of climate change in Kazakhstan//Qi J G, Evered K T. Environmental Problems of Central Asia and Their Economic, Social and Security Impacts. Springer Netherlands: 149-162.

Running S W. 2012. A measurable planetary boundary for the biosphere. Science, 337(6101): 1458-1459.

Yu Y, Li Y M, Chen X, et al. 2019. Climate change, water resources and sustainable development in the arid and semi-arid lands of Central Asia in the past 30 years. Journal of Arid Land, 11(1):1-14.

第8章 社会制度变革对资源环境承载力的影响

土地利用是影响全球粮食安全与生态安全的核心要素（Tilman et al., 2001; Lambin and Meyfroidt, 2011），是目前气候变化、生物多样性损失、土地与淡水资源退化等重要环境问题的首要驱动力（Foley, 2005; MA, 2005; Power, 2010），甚至是驱动环境超越行星边界（planetary boundaries）的主要驱动力量。高强度尤其是突如其来的人类活动或极端气候事件会降低很多社会-生态系统尤其是脆弱生态系统的恢复能力，不仅可能使得干旱半干旱区生态系统快速恶化及其功能骤然降低，而且可能会引发大范围的人类社会和经济方面的生存危机（MA, 2005）。随着人类活动和全球暖干化趋势的影响，全球土地退化和荒漠化加剧，预计到21世纪末旱地占到全球陆地面积的一半左右（Huang et al., 2016; Sternberg et al., 2015; Zhang et al., 2018）；尤其是在干旱半干旱区最为突出，而中亚地区60%的土地受到荒漠化影响（何兴东等, 2007）。哈萨克斯坦作为中亚五国中土地退化和草畜矛盾最为突出的国家（Zhang et al., 2018; Jiang et al., 2017; 范彬彬等, 2012; Luo et al., 2017），约有66%的土地在逐步退化，有1.8亿 hm^2 正遭受沙漠化侵蚀（Karnieli et al., 2008）。

近百年来，哈萨克斯坦经历了俄罗斯联邦、自治共和国、苏联加盟共和国以及苏联解体等一系列体制变迁过程。早在20世纪初期，俄国移民人口达到高峰期，移民主要包括哥萨克军队和俄国欧洲部分的农民。1918～1936年，哈萨克斯坦的社会体制处于动荡多变时期，在俄国革命期间，如今的哈萨克斯坦大部分土地脱离俄国统治，成为暂时独立的阿拉什自治共和国的一部分；1920年，成立吉尔吉斯苏维埃社会主义自治共和国，并属于俄罗斯联邦；1925年，中亚按民族划界，哈萨克苏维埃社会主义自治共和国成立；1936年，作为哈萨克苏维埃社会主义共和国成为苏联加盟共和国，在该时期，受到俄罗斯联邦的影响，牧民生活从"逐水草而居"转为定居状态，季节性放牧模式出现，荒漠带牧场开始被利用（Robinson and Milner-Gulland, 2003）；1930年，因政府强制实施集体所有化政策而导致饥荒事件，人口迅速下降（超百万人死亡），同时约80%的牲畜死亡，此后仅允许少部分游牧存在，基本实现定居（Olcott, 1995）。饥荒事件后，为缓解经济压力，政府急剧增加牲畜数量，并重新使用荒漠带牧场（Alimaev et al., 1986）；在赫鲁晓夫统治时期，"处女地运动"期间，开垦2300万 hm^2 的肥沃草原带作为耕作区（Kraemer et al., 2015）；此后耕地持续性缓慢开垦（Alimaev et al., 1986），同时牲畜数量持续性增加（Funakawa et al., 2007）；1991年苏联解体，哈萨克斯坦共和国宣布独立，苏联解体初期，经济紊乱，人口流失严重（吉力力·阿不都外力和马龙, 2015）。伴随社会体制变迁而来的是生产方式与经济结构的变化，如20世纪初期俄国移民进入哈萨克斯坦的同时也带来了农业种植技术的发展（Aldashev and Guirkinger, 2016），赫鲁晓夫时期的"处女地运动"改变了传统的畜牧业生产方式（Kraemer et al., 2015），苏联解体使得大面积耕地被弃耕（Lambin and Meyfroidt, 2011）、大量国营牧场被荒废（Robinson, 2000；Behnke, 2003；Robinson and Milner-Gulland, 2003；van Veen et al., 2005）。可见，社会体制的变革改变了政治管理体制的同时也深刻改变着人类对土地的利用方式，而土地利用方式与强度的变化又会影响生态系统的格局和功能（Foley et al., 2005）。

面对人类活动和生态系统变化带来的诸多挑战，可持续发展科学开始关注人类与环境复杂的交互作用（Clark, 2007; Liu et al., 2007）。合理的政策和管理措施通常可以扭转系统的退化趋势，但是准确把握采取干预措施的时机和方式需要充分了解社会-生态系统的变迁过程及其体现出的脆弱性特征。因此，本章通过文献资料、实地调研访问以及遥感数据，结合哈萨克斯坦历史体制变迁的过程，研究哈萨克斯坦生态系统分布格局与现状、近百年来社会制度变革对农牧业土地利用方式的影响以及生态系统变化对社会制度变迁的响应3个方面。哈萨克斯坦近百年来生态变化的研究可以为其生态治理和修复提供科学依据，以期为可持续发展之路提供借鉴意义。

8.1　哈萨克斯坦生态系统格局与土地利用现状

哈萨克斯坦生态系统地带性分布显著，从南到北主要为高山草地、荒漠、半荒漠、草地和农田生态系统，其土地覆被类型主要包括耕地、草地、灌丛、林地以及裸地等。气候因素是造成地带性分布的主要原因，其属于典型的干旱大陆性气候，夏季炎热干燥，冬季寒冷少雪，其中荒漠草地年降水量少于100 mm，半荒漠草地和典型草地年降水量在200 mm左右，在高山地区年降水可达1000 mm。在苏联解体前后，除高山草地生态系统外，其他生态系统的变化均十分显著。

草地是哈萨克斯坦占地面积最大、分布最广的植被类型，其中森林草原带和大部分草原带被开垦为耕地，目前草地主要分布于部分草原带、半荒漠、荒漠和高山区域。其中高山草地主要分布于天山山脉、准噶尔阿拉套山、外伊犁阿拉套山、阿尔泰山等区域，草地和针叶林为主要植被类型[图8-1（a）]。该区域通常建立为自然保护区，无显著退化现象，部分区域由于人类活动[如图8-1（b），在高海拔地区建立滑雪场]过于频繁而导致轻微退化。草原带草本植被长势良好且物种丰富度高[图8-1（g）]，如扁穗冰草、野草莓以及迷果芹等等，该区域目前有放牧活动[图8-1（h）]。此外草原带存在着苏联解体后的弃耕地，经过近30年的植被群落的演替，目前主要被原生草和新生杂草所覆盖。荒漠草地主要的植被类型为草本植物和低矮灌丛[图8-1（c）]。早在20世纪初期，由于该地区纬度较低，冬季积雪较少[图8-1（d）]，可以保持正常的放牧，所以常用于冬季转场放牧，到20世纪中期，由于牲畜数量的急剧增加，荒漠带大范围用于放牧。半荒漠草地主要的植被类型为草本植物和少量的低矮灌丛[图8-1（e）]，并有苏联时期的大型牧场存在[图8-1（f）]。

(a) 高山草地的草地、针叶林分布

(b) 建立于高海拔地区的滑雪场

(c) 荒漠草地的草本植物、低矮灌丛分布

(d) 20世纪初冬季放牧场景

(e) 半荒漠草地的草本植物和少量低矮灌丛分布

(f) 苏联时期大型牧场所在区域

(g) 草原带长势良好的草本植被

(h) 草原带的放牧活动

(i) 耕地区域主要景观

(j) 耕地区域主要农作物分布

图 8-1　高山草地、荒漠草地、半荒漠草地和草原带自然景观

（a）、（b）、（c）、（e）、（f）、（g）、（h）、（i）、（j）实地考察拍摄；（d）来源于 Alimaevi 等（2008）。

耕地是哈萨克斯坦第二大植被类型，主要分布于科斯塔奈州、北哈萨克斯坦州、阿克莫拉州、巴甫洛达尔州、伊犁河和锡尔河流域等地区，其面积约为 62.69 万 km²，占国土面积的 23.01%，其农作物主要包括小麦、高粱、大豆、玉米、燕麦、土豆等[图 8-1（i）和图 8-1（j）]。在近 20 年来，耕地面积基本保持平衡，但是种植结构有所改变。裸地是哈萨克斯坦第三大类型，其主要分布于西南部的曼格斯套州和咸海周边地区，其面积约为 34.26 万 km²，占国土面积的 12.57%。林地资源主要分布于东哈萨克斯坦州的鲁德内山脉和南阿尔泰山脉等，其面积约为 5.90 万 km²，占国土面积的 2.16%。

8.2　社会制度变革对农牧业土地利用方式的影响

哈萨克斯坦百年来社会制度变革频繁，对农牧业土地利用方式造成了较大的影响，按照重大的历史性事件，本节将其分为移民高峰期（1900～1915 年）、社会体制多变期（1916～1936 年）、牧场集体化管理期（1936 年正式加入苏联至苏联解体）、土地运动期（1954～1963 年）、土地持续开垦期（1964～1991 年）、苏联解体以后（1991 年至今）六个时期（图 8-2），分别阐述各阶段的社会制度变革对农牧业土地利用方式的重要影响。

1900～1915 年，俄国移民潮，个体化的农业生产取代了传统的游牧业。早在 17 世纪起就有小规模的俄国移民，在 19 世纪末期呈现快速上升的趋势——移民潮，到 20 世纪初期（1910 年）左右达到高峰。俄国移民主要包括哥萨克军队和俄国欧洲部分的农民。1900 年，少量俄国移民至哈萨克斯坦北部；1905 年，其讲俄语的人口约 84.4 万人，占总人口的 28.9%；到 1915 年，北部的移民密度逐渐增加，且移民逐渐转向其东南部（Aldashev and Guirkinger, 2016）。历史资料显示，移民主要分布于哈萨克斯坦北部，少部分位于东南部；移民大量集中于省会城市，之后逐渐扩散到周边其他地区，但省会城市的俄国移民密度仍然很高。这与哈萨克斯坦的地理环境有关，其北部为典型草原带，降水量充足，土壤肥沃；东南部为高山草原区，气候湿润，均适宜耕作和放牧。在这一阶段，随着俄国移民的大量迁入，并引进先进的耕作技术，促进游牧经济向半定居农业经济的转型，进而造成草原土地的开垦，种植业开始得到推广。但是此时的种植业范围小，对草地整体生态系统影响并不大，故整体的生态状况良好。

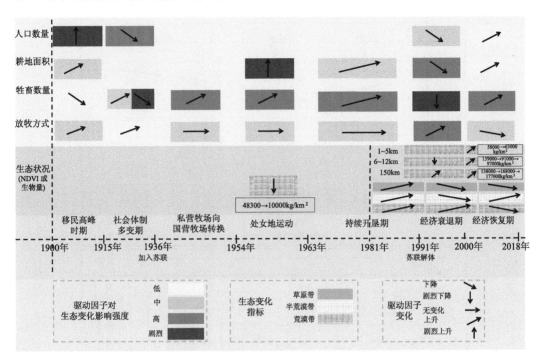

图 8-2　关键历史时期生态变化态势示意图

1916～1936 年，社会体制多变，生产方式与规模变化剧烈。初期主要受到俄罗斯联邦的制约和影响，哈萨克斯坦牧民在生活方式从"逐水草而居"到半定居状态，放牧方式也转变为季节性转场放牧模式（Robinson and Milner-Gulland, 2003）。西部荒漠草地开始被利用且主要用作冬季牧场，是因为该地区夏季草质坚硬难以利用，而冬季草地上的梭梭属和沙拐枣等牧草可在深雪中被牲畜采食利用（赵万羽等, 2004）。1930 年后，政府强制实行农业集体所有化政策，遭到牧民的抵抗，从而引发严重的饥荒事件，超百万人和 80% 的牲畜死亡（图 8-3）（Olcott, 1995）。饥荒事件后，政府允许部分地区存在游牧（吉力力·阿不都外力和马龙, 2015）。但在哈萨克斯坦中部和东南部的大片干旱牧场无放牧，使得其草地的生态压力得到缓解。

在该阶段，生态压力先增大后减小。牧民开始进行冬夏季牧场迁徙放牧模式，夏季在高纬度的典型草原带和半荒漠草原带放牧，冬季进入荒漠草原带。荒漠带草地在重牧下，极易造成沙漠化。1930 年饥荒事件后，牲畜数量的骤降（图 8-3），放牧压力的减小，使生态压力有所减小，进而生态系统有所恢复。

1936 年，哈萨克斯坦正式成为苏联加盟共和国，苏联对牧场实行集体化管理，传统的游牧方式受到限制。正式加入苏联后，哈萨克斯坦许多牧场被转化为国营牧场，新建设的大型牧场有严格的边界，从而导致牲畜流动性的降低；政府为了增加牲畜数量，制定了开始使用偏远牧场的规定。1941～1942 年的冬季就已经有牛羊开始被赶往偏远牧场（Robinson and Milner-Gulland, 2003）；1942 年 3 月起，政府为了恢复国民经济，牲畜数

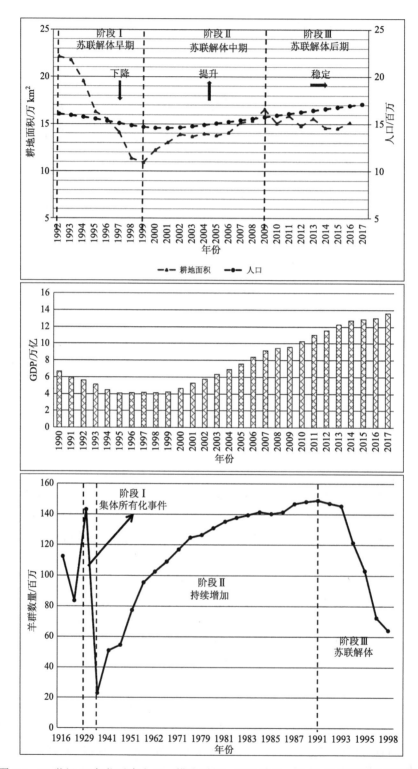

图 8-3 20 世纪 90 年代以来人口、耕地面积、GDP 数量，及 20 世纪初以来牲畜数量

量急剧增加，大面积使用南部的偏远牧场，如沙质土壤的 Moiynkum 荒漠牧场再次被用作南部牧场的冬季放牧（Alimaev et al., 1986）。此阶段，造成荒漠带的生态压力逐渐增大的原因主要是政府主导的偏远牧场放牧以及牲畜数量的持续性增加。

　　1954～1963 年，"处女地运动"推动了大面积的耕地开垦，不合理的开发利用导致土地退化。为缓解苏联粮食短缺，1954～1963 年苏维埃政权推行的"处女地运动（Virgin Lands Campaign）"，在哈萨克斯坦北部降水量 300mm 以上的草原带进行开垦，约 2300 万 hm² 生产力最高的牧场开垦用于耕作（Kraemer et al., 2015）。这种快速的耕地开垦有效促进了苏联的农业生产，特别是小麦的生产，但也导致了负面的环境和社会经济后果，如大量的土壤退化，土壤有机质减少，并引发了广泛的盐渍化和沙尘暴（Hahn, 1964; Amerguzhin, 2003; Funakawa et al., 2007; Josephson et al., 2013）。在 1960～1963 年期间，受到重干旱的影响，40%的耕地（"处女地运动"的整个开垦区域，包括俄罗斯和哈萨克斯坦等地）遭到风蚀（Rowe, 2011）。

　　在"处女地运动"时期，耕地面积和牲畜数量均大幅度增加，但草原地区最好的夏季牧场被开垦出来用于粮食生产，因此畜牧业的任何扩张都必然发生在其他植被地带（FAO, 2007）。从此时起，半荒漠带和荒漠带成为放牧的核心区（Robinson et al., 2003）。20 世纪 60 年代，在半荒漠和荒漠地区新建了 155 个专门用于饲养绵羊的牧场（Asanov and Alimaev, 1990）。由于荒漠带草地对重牧十分敏感，多年生草本很快被可食的一年生草替代，再被不可食的一年生草替代。荒漠带草场在重牧下，牧草平均生物量从 483 kg/hm² 下降到 100 kg/hm²,如南部荒漠蒿属-猪毛菜牧场草地非常脆弱，在过高载畜量时一个月的放牧将可能导致植被损害（赵万羽等, 2004）。

　　1964～1991 年，土地持续开垦，牲畜数量稳步增加，生态压力加大。土地的开垦也并未随着土地运动的结束而彻底终止，部分地区土地开垦依旧进行着，只是其进度缓慢下来。科斯塔奈州在"处女地运动"期间，由于大范围开垦，农田从 100 万 hm² 增加到 640 万 hm²，直到 1990 年耕地面积仍然持续扩大（Alimaev et al., 1986）。同时，由于苏联政府采取利用偏远牧场等措施，牲畜数量不断扩大，到 20 世纪 80 年代，羊群数量是 1916 年的两倍，达到 3600 万只。这也意味着半荒漠和荒漠牧场将更大强度地利用，从而进一步导致其生态的退化。而且在 1960 年后，放牧迁徙模式主要分为跨生态分区、跨州甚至跨国的长途迁徙和同一生态区的短距离迁徙两类，前者主要用于迁徙至荒漠带的偏远牧场，后者主要是半荒漠带的偏远牧场。在此时新建的牧场中，秋-冬-春或春-夏-秋牲畜可以在同一牧场放牧，一般只在相邻区域轮换（Funakawa et al., 2007）。相关研究（Zhanbkin, 1995）表明，这种放牧制度会导致牧草退化。至 20 世纪 80 年代后期，牲畜数量开始趋于平稳，但是草地生产力有所下降（Funakawa et al., 2007）。在 1964～1991 年期间,哈萨克斯坦的土地开垦缓慢而持续的进行着,同时牲畜数量的持续性增加,必然导致半荒漠和荒漠带生态压力的加大，除此之外，由于短距离放牧模式的转变，导致牧场退化更为严重。

　　1991～2018 年，苏联解体后，经历了解体初期的经济紊乱阶段和后期的经济恢复阶段，耕地大面积弃耕后逐步复垦、牲畜数量急剧下降后快速增长。苏联解体初期，原本经济落后的哈萨克斯坦，社会经济发生紊乱，GDP、人口数量、牲畜数量、耕地面积等均有不同程度的下降（图 8-3）。与此同时，中亚五国建立明确的国界线，从而限制牲畜的流动性（Robinson, 2007；Gupta et al., 2009），加之缺少投入和基础设施崩溃，导致近 1 亿 hm^2 的牧场被遗弃或利用不足（Robinson, 2000；Behnke, 2003；Robinson and Milner-Gulland, 2003；van Veen et al., 2005）。尽管哈萨克斯坦畜牧业急剧衰退，但由于只有 30%～40% 的干旱草地用于放牧（范彬彬等, 2012），而且国营牧场被取缔后只能在定居点附近的公共牧场放牧，使得局部干旱草地的超载过牧仍在加剧，导致局部的退化较为严重，并表现为斑块化退化现象（吉力力·阿不都外力和马龙, 2015）。2000 年后，随着社会的逐步稳定，经济迅速恢复，被弃耕的土地和被放弃的国营牧场也开始得以重新利用。

8.3 资源环境承载力对社会制度变迁的响应

社会制度变迁背景下，哈萨克斯坦人口数量与结构、农牧业生产方式与强度发生着剧烈的骤升骤降的变动（图 8-3），生态系统随之对人类活动的不断扰动产生了格局和质量上的变化响应，主要表现为：①伴随社会制度瓦解与重建发生的突然弃耕与逐步复垦过程导致的土壤盐渍化、土地退化等；②畜牧业生产方式变化导致的草地退化、农业的开垦—弃耕—复垦导致的土地退化以及不合理的饮水灌溉等措施导致的水资源萎缩等现象都特别突出。

8.3.1 伴随开垦—弃耕—复垦过程产生的生态景观格局变化

1900 年以来，哈萨克斯坦在人口激增、农业技术引进与粮食需求驱动下产生了大范围草地开垦，伴随社会制度瓦解与重建发生着突然弃耕与逐步复垦，农业的开垦—弃耕—复垦主要发生在"处女地运动"—苏联解体初期—苏联解体后期。在赫鲁晓夫时期的"处女地运动"中，哈萨克斯坦北部 2300 万 hm^2 的草原被开垦，导致农业用地的急剧性增加，草地生态系统遭到严重的破坏。苏联解体初期，弃耕地达到约 2600 万 hm^2（俄罗斯、白俄罗斯、乌克兰、哈萨克斯坦）（Lambin and Meyfroidt, 2011）；苏联解体后期，这些区域许多的弃耕地重新被开垦种植（Stefanski et al., 2014），但是由于退耕地的景观退化、侵蚀风险的增加等一系列问题，也有部分弃耕地未重新开垦（Power, 2010）。然而哈萨克斯坦农田被遗弃的时空分布特征及其主导因素尚不明确，可能是由于政府实施的相关农业经济干预措施（如区域贸易管制等）所致（Löw et al., 2015；Anderson and Swinnen, 2009）。

哈萨克斯坦北部的科斯塔奈州是农业开垦—弃耕—复垦过程最为典型的区域，其南部处于农牧交错地带。1953 年该地区耕地还是零星分布于各处，但是 1953～1961 年耕地迅速增加，此时的草地开垦主要集中在最适合农业种植区域；1961 年后，无论土地农业适宜性如何，依旧继续扩张。在苏联解体后，弃耕主要发生在边缘土地上。到 2000 年后，土壤性质良好的土地得以复垦，其余土地仍然遗弃（Kraemer et al., 2015）。在哈萨克斯坦南部的 Kyzyl-Orda 区域，存在约 9.97 万 hm² 的废弃农田和土地，占其总面积的 47.53%，根据退耕年限的不同，这些地区可能生长着杂草、灌木（3~5 年）甚至树木，一旦遭到强烈的土壤盐渍化，植被无法在弃耕地生长（van Veen et al., 2005），进而导致生态系统的改变。在 Moiynkum 地区，由于其具有冬季牧场的价值，遭受了严重的生态退化（Asanov and Alimaev, 1990），尤其在牧场水源周围退化特别严重，植被覆盖度从 30%~50%下降至 10%~15%（Ibraeva et al., 2010）。

8.3.2 伴随农业高强度开发产生的生态退化

水资源萎缩现象严重，主要受到气候暖干化和人类活动两方面的影响。百年来哈萨克斯坦的降水量呈现减少的趋势[图 8-4（a）]，而气温呈现波动式上升[图 8-4（b）]。结合气温和降水的变化趋势，可以表明气候整体呈现显著的暖干化趋势，加之水资源的不合理使用，极易造成哈萨克斯坦土地退化。

哈萨克斯坦北部的农业产值在其国民经济中占有重要比例，而亚洲中部干旱区 85%以上的水资源用于发展绿洲农业经济（胡汝骥等，2011），集中的农业生产等人类活动对区域水环境产生了较大的影响。哈萨克斯坦北部区域近年来湖泊萎缩趋势变化明显，1987~2010 年一直处于萎缩趋势，湖泊数量[图 8-5（a）]和面积[图 8-5（b）]均有大幅度的减少。其主要特征为小湖泊的数量在减少，而较大湖泊的面积在缓慢萎缩，20 多年间，该地区的湖泊面积变化率为–28.4%，湖泊数量减少了 170 个，处于快速萎缩阶段（李均力等，2013）。

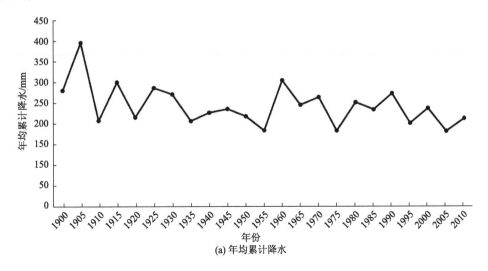

(a) 年均累计降水

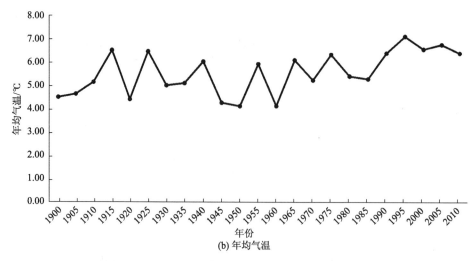

图 8-4　1900～2010 年哈萨克斯坦年降水量和年均温

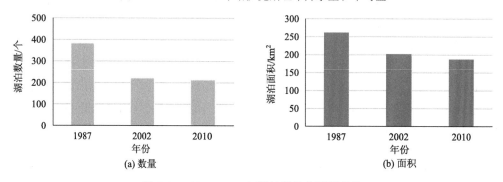

图 8-5　1987～2010 年湖泊数量和面积变化

　　咸海、巴尔喀什湖、田吉兹湖、腾吉兹湖和阿克莫拉湖等湖泊均存在水位下降的现象，其中咸海的萎缩现象最为严重（李均力等，2011）。咸海曾是中亚地区第一大咸水湖，面积将近 7 万 km^2，但是由于苏联时期为了扩大棉花种植，实施引水灌溉工程，将其主要水源（阿姆河和锡尔河）河流改道，从 1961 年开始，水位就处于急剧下降的状态，进而导致了咸海的枯竭（Kostianoy and Kosarev，2010）。咸海的枯竭使得 117 万 t 的干涸湖底沉积物在受到风力作用的影响下形成盐沙暴，导致大量盐碱洒向周围地区，使咸海周围的农田盐碱化加剧，平原地区逐渐沙漠化，同时随着水位的下降，植被退化、草地沙化，加速形成了新的沙漠带（吉力力·阿不都外力，2012）。

　　在"处女地运动"中，草原地带表层土壤结构遭到扰动破坏，导致其腐殖质减少了 5%～30%（赵万羽等，2004）。在科斯塔奈州区域，农用地持续扩张的同时伴随着广泛的土壤盐渍化，尤其在弃耕—复垦高发的边缘地带，会迅速加快土地的退化（Alimaev et al.，1986；Geipel，1964；OECD，2013；Funakawa et al.，2000）。在哈萨克斯坦南部的 Kyzyl-Orda 区域由于土地利用的频繁变化，30%～40%的灌溉区域土壤有机质流失，进而加剧土壤退化（Ibraeva et al.，2010）。可见哈萨克斯坦农业用地的开垦—弃耕—复垦随着社会体制以及政策的变化而不断变化着，原本肥沃的土壤经过这一过程，发生了一系列土壤盐渍化、土地退化等生态问题。

8.3.3 伴随草地被耕地挤占和牧场集中制管理产生的草地退化

草地急剧的退化主要发生在"处女地运动"期间，由于当时大量草原被开垦用于农业种植，同时牲畜数量的持续性增加，这也就导致了荒漠草原带的生物量急剧下降，一些有数据监测的地区显示牧草平均生物量从 483kg/hm^2 下降到 100kg/hm^2（赵万羽等，2004）。草地的局部退化主要发生在苏联解体初期，受到政府的政策规定，大量的国营牧场被废弃，而牧民被限制在居住地附近放牧，从而造成草地斑块状退化的现象。

在苏联解体后，由于政府有关规定的颁布实施，致使草地退化程度随着距离定居点的距离而变化，距离定居点越近，草地退化程度越严重。以哈萨克斯坦阿拉木图州某村庄为例[①]（表 8-1），1989～1990 年（苏联时期），距离村庄的远近与自然植被的生物量干重无明显相关性；1999～2000 年和 2000～2001 年时期（苏联解体后），距离村庄的远近与生物量干重呈现明显的正相关性（距离越远，生物量越大）。1989～2001 年，距村庄 6～12km 处，生物量干重先减少后增加，苏联解体后，距村庄 150km 处生物量干重显著增加。

表 8-1 哈萨克斯坦阿拉木图州 **Birlik village** 一年中自然植被（灌丛和草地）生物量干重（单位：kg/hm^2）

至村庄距离	1989～1990 年	1999～2000 年	2000～2001 年
1～5km	—	580	630
6～12km	1390	910	970
150km	1380	1680	1770

8.4 政策变化影响与生态治理

基于文献资料、实地考察数据以及遥感数据，本章在了解哈萨克斯坦生态系统分布格局与现状的基础上，从百年来社会制度变革对农牧业土地利用方式的影响以及土地利用变化对生态系统的影响两方面来研究百年来的生态变化状况及其成因，研究结果表明：

（1）伴随着哈萨克斯坦社会体制的变革，农牧业土地利用方式发生着巨大的变化，进而对生态系统产生了深刻的影响。尤其是在 20 世纪初的俄国移民潮、1954～1963 年的"处女地运动"和 1991 年苏联解体三个时期，农牧业土地利用方式变动最为剧烈。俄国移民潮期间，人口的增加以及先进农耕技术的引进，导致部分游牧定居开垦种植，个体化的农业生产取代了传统的游牧业；"处女地运动"开垦了 2300 万 hm^2 的草原用于

---

① ICARDA (International Center for Agricultural Research in the Dry Areas). 2001. Integrated feed and livestock production in the steppes of Central Asia. In: IFAD Technical Assistance Grant: ICARDA-425 Annual Report (2000-2001). Syria: ICARDA, 1-161.

种植，同时牲畜数量的急剧增加导致荒漠草地的过度使用；而苏联解体又导致人口、经济、土地利用方式受到了强烈的冲击，大面积的土地弃耕、牲畜大量减少、国有化牧场被废弃，直到 2000 年以后撂荒的耕地和废弃的牧场又逐渐恢复使用。

（2）社会制度的变迁引发的土地利用方式变化导致生态系统出现草地生物量下降和局部退化、耕地的开垦—弃耕—复垦、水资源萎缩等一系列生态退化问题。苏联实施集体化管理以及荒漠带牧场使用的政策，导致部分荒漠带草地生物量由 483 kg/hm^2 下降至 100 kg/hm^2。苏联解体初期，政府限制牧民在定居点周围放牧，导致 5 km 半径内的草地严重退化，从而形成草地斑块状退化。对于长期处于开垦—弃耕—复垦动荡中的土地（尤其是农牧交错带），会使其朝着恶性演替方向发展，最终成为土壤退化、盐渍化和沙漠化的高风险区。为加大农业生产，采取河水改道以达到饮水灌溉等不合理的措施，极易导致水资源萎缩（如咸海），以致形成盐尘暴，进而使得农田盐碱化、植被退化和沙化加剧。

（3）哈萨克斯坦生态变化最为剧烈的地区通常位于农牧交错带，该地区更易受到社会体制变化带来的人口迁移与农牧业生产布局的影响。1900～1915 年间的俄国移民潮促使个体化的农业生产取代了传统的游牧业，气候湿润、土壤肥沃的哈萨克斯坦北部的典型草原带和东南部高山草原区首先被开垦。苏联解体前，哈萨克斯坦作为苏联的大粮仓，其耕地面积处于长期的波动式扩张状态，挤占了优质的草原牧区，进而导致畜牧业生产的扩张不得不向脆弱的荒漠植被地带推移，农用地扩张的同时还伴随着广泛的土壤盐渍化。苏联解体初期，大量土地被弃耕，尤其是边缘地区的土地扩张和随意废弃会迅速加快土地的退化。2000 年后，在土壤性质良好的土地上进行复垦，其余被遗弃的耕地仍然处于荒芜的状态中。

8.5 本 章 小 结

1900 年以来，随着哈萨克斯坦社会体制、生产方式、生活方式和自然因素等一系列的变化，哈萨克斯坦的自然生态系统也发生了十分显著的变化。研究哈萨克斯坦社会制度变迁对土地利用变化的影响，以及人类活动对生态变化的响应，可以为半干旱-干旱地带的生态可持续管理提供科学依据和史实借鉴。本章从哈萨克斯坦生态分布格局与现状、社会制度变革对农牧业土地利用方式的影响以及生态系统变化对社会体制变迁的响应三方面来研究哈萨克斯坦百年来的生态变化，主要得出以下结论：①伴随社会体制变革而发生的人口迁移、土地政策改变是导致土地利用方式发生重大变化的主要动因，其中 20 世纪初的俄国移民潮、赫鲁晓夫时期的"处女地运动"和苏联解体三个时期农牧业土地利用方式变动最为剧烈；②社会制度的变迁引发的土地利用方式变化导致生态系统出现一系列的生态退化问题，其中集体化管理和区域性的密集放牧导致草地生物量下降和局部退化；耕地的开垦—弃耕—复垦（尤其是农牧交错地带）导致生态系统向恶性演替方向发展，成为生态退化高风险区；不合理的饮水灌溉等措施导致水资源萎缩而引发土壤盐碱化以及沙化；③哈萨克斯坦作为苏联的大粮仓，其耕地处于长期波动式扩张状态，北部最为肥沃的土地被开垦为耕地。耕地的大面积开垦挤占了优质的草原牧区，而同时发生的畜牧业生产扩张则向脆弱的荒漠植被地带推移。因此，哈萨克斯坦农牧交错地带是受社会制度变迁影响下土地利用变化最为剧烈的区域，也是土地退化、荒漠化等生态问题的主要发生区域。

参 考 文 献

范彬彬, 罗格平, 胡增运, 等. 2012. 中亚土地资源开发与利用分析. 干旱区地理(汉文版), 35(6): 928-937.

何兴东, 从培芳, 董治宝, 等. 2007. 20 世纪末 30a 里全球生态退化状况. 中国沙漠, (2): 283-289.

胡汝骥, 陈曦, 姜逢清, 等. 2011. 人类活动对亚洲中部水环境安全的威胁. 干旱区研究, 28(2): 189-197.

吉力力·阿不都外力, 马龙. 2015. 中亚环境概论. 北京: 气象出版社.

吉力力·阿不都外力. 2012. 干旱区湖泊与盐尘. 北京: 中国环境科学出版社.

加帕尔·买合皮尔, A·A·图尔苏诺夫. 1996. 亚洲中部湖泊水生态学概论. 乌鲁木齐: 新疆科技卫生出版社.

李均力, 包安明, 胡汝骥, 等. 2013. 亚洲中部干旱区湖泊的地域分异性研究. 干旱区研究, 30(6): 941-950.

李均力, 陈曦, 包安明. 2011. 2003—2009 年中亚地区湖泊水位变化的时空特征. 地理学报, 66(9): 1219-1229.

赵万羽, 李建龙, 维纳汗, 等. 2004. 哈萨克斯坦草业发展现状及其科学研究动态. 中国草地学报, 26(5): 59-64.

Aldashev G, Guirkinger C. 2017. Colonization and changing social structure: Evidence from Kazakhstan. Journal of Development Economics, 127: 413-430.

Alimaev I I, Zhambakin A, Pryanoshnikov S N. 1986. Rangeland farming in Kazakhstan. Problems of Desert Development, 3: 14-19.

Alimaevi I I, Kerven C, Torekhanov A, et al. 2008. The impact of livestock grazing on soils and vegetation around settlements in Southeast Kazakhstan: South Kazakhstan pasture Use Results. The socio-economic causes and consequences of desertification in Central Asia, 81-112.

Amerguzhin H A. 2003. Agroecological characteristics of soils of Northern Kazakhstan(Aroekologicheskiye haraketirstiki Pochv Severnogo Kazakhstana). PhD Dissertation. Dokuchaev Soil Institute, Moscow.

Anderson K, Swinnen J F M. 2009. Distortions to Agricultural Incentives in Eastern Europe and Central Asia. Agricultural Distortions Working Paper Series, 48(1): 79-109.

Asanov K A, Alimaev I I. 1990. New forms of organisation and management of arid pastures of Kazakstan. Problems of Desert Development, 5: 42-49.

Babaev A G. 1985. Map of Anthropogenic Desertification of Arid Zones of the USSR. Ashkabad, Turkmenistan: Institute of Deserts.

Behnke R H. 2003. Reconfiguring property rights in livestock production systems of western Almaty Oblast, Kazakhstan//Kerven C K. Prospects for Pastoralism in Kazakhstan and Turkmenistan: From State Farms to Private Flocks. London: Routlege and Kegan Paul.

Clark W C. 2007. Sustainability science: A room of its own. Proc Natl Acad Sci USA 104: 1737-1738.

Dzhanpeisov R , Alimbaev A K , Minyat V E , et al. 1990. Degradation of soils of mountain and desert pastures in Kazakhstan. Problems of Desert Development : 15-20.

FAO(Food and Agriculture Organization of the United Nations). 2007. Subregional Report On Animal Genetic Resources: Central Asia. Annex to The State of the World's Animal Genetic Resources for Food and Agriculture. Rome: FAO. [2015-04-20].

Foley J A, DeFries R, Asner G P, et al. 2005. Global consequences of land use. Science, 309: 570-574.

Funakawa S, Suzuki R, Karbozova E, et al. 2000. Salt-affected soils under rice-based irrigation agriculture in southern Kazakhstan. Geoderma, 97(1-2): 0-85.

Funakawa S, Yanai J, Takata Y, et al. 2007. Climate Change and Terrestrial Carbon Sequestration in Central Asia ed R Lal et al. London: Taylor and Francis.

Geipel R. 1964. Die Neulandaktion in Kasachstan Geogr. Rundsch, 16: 137-144.

Gupta R, Kienzler K, Martius C, et al. 2009. Research prospectus: a vision for sustainable land management research in Central Asia. ICARDA Central Asia and Caucasus Program. Sustainable Agriculture in Central Asia and the Caucasus Series No. 1. Tashkent: CGIAR-PFU: 1-84.

Hahn R. 1964. Klimatische und bodenkundliche Bedingungen der Neulanderschließung in Kasachstan. Osteuropa, 14: 260-266.

Huang J, Yu H, Guan X, et al. 2016. Accelerated dryland expansion under climate change. Nature Climate Change, 6(2): 166-171.

Ibraeva M A, Otarov A, Wilkomirski B, et al. 2010. HUMUS level IN soils of southern kazakhstan irrigated massifs and their statistical characteristics. Monit. Srodowiska Przya, 11: 55-61

Jiang L, Jiapaer G, Bao A, et al. 2017. Vegetation dynamics and responses to climate change and human activities in Central Asia. Science of the Total Environment, 599-600: 967.

Josephson P, Dronin N, Cherp A, et al. 2013. An environmental history of Russia Studies in Environment and History. Cambridge: Cambridge University Press.

Karnieli A, Gilad U, Ponzet M, et al. 2008. Assessing land-cover change and degradation in the Central Asian deserts using satellite image processing and geostatistical methods. Journal of Arid Environ- ments, 72(11): 2093-2105.

Kostianoy A G, Kosarev A N. 2010. The Aral Sea Environment. Berlin Heidelberg: Springer.

Kraemer R, Prishchepov A V, Müller D, et al. 2015. Long-term agricultural land-cover change and potential for cropland expansion in the former Virgin Lands area of Kazakhstan. Econstor Open Access Articles, 10(5): 054012.

Lambin E F, Meyfroidt P. 2011. Global land use change, economic globalization, and the looming land scarcity. Proceedings of the National Academy of Sciences, 108(9): 3465-3472.

Liu J, Thomas D, Stephen R C, et al. 2007. Complexity of coupled human and natural systems. Science, 317: 1513-1516.

Löw F, Fliemann E, Abdullaev I, et al. 2015. Mapping abandoned agricultural land in Kyzyl-Orda, Kazakhstan using satellite remote sensing. Applied Geography, 62: 377-390.

Luo L, Du W, Yan H, et al. 2017. Spatio-temporal Patterns of Vegetation Change in Kazakhstan from 1982 to 2015. Journal of Resources and Ecology, 8(4): 378-384.

MA. 2005. Millennium Ecosystem Assessment Synthesis Report: Strengthening capacity to manage ecosystems sustainably for human well-being. http: //www. millenniumassessment. org. [2015-05-11].

OECD 2013. OECD Review of Agricultural Policies: Kazakhstan 2013(Paris: OECD Publishing).

Olcott M. The Kazakhs. 1995. Stanford: Hoover Institution Press.

Power A G. 2010. Ecosystem services and agriculture: tradeoffs and synergies. Philosophical Transactions of the Royal Society B: Biological Sciences, 365(1554): 2959-2971.

Robinson S , Milner-Gulland E J , Alimaev I. 2003. Rangeland degradation in Kazakhstan during the Soviet era: re-examining the evidence. Journal of Arid Environments, 53(3): 0-439.

Robinson S, Milner-Gulland E J. 2003. Contraction in livestock mobility resulting from state farm re-organisation//Kerven C. Prospects for Pastoralism in Kazakstan and Turkmenistan: From State Farms to Private Flocks. London: Taylor and Francis.

Robinson S, Milner-Gulland E J. 2003. Political change and factors limiting numbers of wild and domestic ungulates in Kazakhstan. Human Ecology, 31(1): 87-110.

Robinson S. 2000. Pastoralism and land degradation in Kazakhstan. PhD Dissertation. Warwick: Warwick University.

Robinson S. 2007. Pasture management and condition in Gorno-Badakhshan: a case study//Report on Research Conducted for the Aga Khan Foundation. Aga Khan Foundation, Tajikistan.

Rowe W C. 2011. Turning the Soviet Union into Iowa: The Virgin Lands Program in the Soviet Union. Engineering Earth. Netherlands: Springer.

Stefanski J , Chaskovskyy O , Waske B. 2014. Mapping and monitoring of land use changes in post-Soviet western Ukraine using remote sensing data. Applied Geography, 55: 155-164.

Sternberg T, Rueff H, Middleton N. 2015. Contraction of the gobi desert, 2000–2012. Remote Sensing, 7(2): 1346-1358.

Tilman D, Reich P B, Knops J, et al. 2001. Diversity and productivity in a long-term grassland experiment. Science, 294(5543): 843-845.

van Veen T W S, Alimaev I I, Utkelov B. 2005. Kazakhstan: rangelands in transition the resource, the users, and sustainable use//World Bank Technical Paper. Europe and Central Asia Environmentally and Socially Sustainable Development Series. [2015-04-20].

Yan H, Lai C, Kanat A, et al. 2020. Social institution changes and their ecological impacts in Kazakhstan over the past hundred years.Environmental Development, 34:12.

Zhambakin Z A. 1995. Pastbisha Kazakhstana(Pastures of Kazakhstan). Almaty: Kainar.

Zhang G, Biradar C M, Xiao X, et al. 2018. Exacerbated grassland degradation and desertification in Central Asia during 2000-2014. Ecological Applications A Publication of the Ecological Society of America, 28(2): 442.

第 9 章 哈萨克斯坦资源环境承载力评价技术规范

为全面反映哈萨克斯坦资源环境承载力评价研究的技术方法，特编写第 9 章技术规范。技术规范全面、系统地梳理哈萨克斯坦资源环境承载力评价的研究方法，包括人居环境适宜性评价、土地资源承载力与承载状态评价、水资源承载力与承载状态评价、生态承载力与承载状态评价、资源环境承载综合评价 5 节，共 40 条。

9.1 人居环境适宜性评价

第 1 条 地形起伏度（relief degree of land surface，RDLS）是区域海拔高度和地表切割程度的综合表征，由平均海拔、相对高差及一定窗口内的平地加和构成，地形起伏度共分五级（表 9-1）。计算公式如下：

$$RDLS = ALT/1000 + \{[Max(H) - Min(H)] \times [1 - P(A)/A]\}/500 \qquad (9-1)$$

式中，RDLS 为地形起伏度；ALT 为以某一栅格单元为中心一定区域内的平均海拔，m；Max（H）和 Min（H）是指以某一栅格单元为中心一定区域内的最高海拔与最低海拔，m；P（A）为区域内的平地面积（相对高差≤30m），km²；A 为某一栅格单元为中心一定区域内的总面积。

第 2 条 基于地形起伏度的人居环境地形适宜性共分为五级，即不适宜、临界适宜、一般适宜、比较适宜与高度适宜（表 9-1）。

表 9-1 基于地形起伏度的人居环境地形适宜性分区标准

地形起伏度	海拔/m	相对高差/m	地貌类型	人居适宜性
>5.0	>5000	>1000	极高山	不适宜
3.0～5.0	3500～5000	500～1000	高山	临界适宜
1.0～3.0	1000～3500	200～500	中山、高原	一般适宜
0.2～1.0	500～1000	0～200	低山、低高原	比较适宜
0～0.2	<500	0～100	平原、丘陵、盆地	高度适宜

第 3 条 温湿指数（temperature-humidity index，THI）是指区域内气温和相对湿度的乘积，其物理意义是湿度订正以后的温度。温湿指数综合考虑了温度和相对湿度对人体舒适度的影响，共分十级（表 9-2）。计算公式如下：

$$\text{THI} = T - 0.55(1 - \text{RH})(T - 58) \tag{9-2}$$

$$T = 1.8t + 32 \tag{9-3}$$

式中，t 为某一评价时段平均温度，℃；T 是华氏温度，℉；RH 是某一评价时段平均空气相对湿度，%。

表 9-2　人体舒适度与温湿指数的分级标准

温湿指数	感觉程度	温湿指数	感觉程度
≤35	极冷，极不舒适	65～72	温暖，非常舒适
35～45	寒冷，不舒适	72～75	偏热，较舒适
45～55	偏冷，较不舒适	75～77	炎热，较不舒适
55～60	清凉，较舒适	77～80	闷热，不舒适
60～65	清爽，非常舒适	>80	极其闷热，极不舒适

第 4 条　基于温湿指数的人居环境气候适宜性共分为五级，即不适宜、临界适宜、一般适宜、比较适宜与高度适宜（表 9-3）。

表 9-3　基于温湿指数的气候适宜性分区标准

温湿指数	人体感觉程度	人居适宜性
≤35，>80	极冷，极其闷热	不适宜
35～45，77～80	寒冷，闷热	临界适宜
45～55，75～77	偏冷，炎热	一般适宜
55～60，72～75	清凉，偏热	比较适宜
60～72	清爽或温暖	高度适宜

第 5 条　水文指数（land surface water abundance index，LSWAI），表征区域水资源丰裕程度，计算公式如下：

$$\text{LSWAI} = \alpha \times P + \beta \times \text{LSWI} \tag{9-4}$$

$$\text{LSWI} = (\rho_{\text{nir}} - \rho_{\text{swirl}}) / (\rho_{\text{nir}} + \rho_{\text{swirl}}) \tag{9-5}$$

式中，LSWAI 为水文指数；P 为降水量；LSWI 为地表水分指数；α、β 分别为降水量与地表水分指数的权重值，默认情况下各为 0.50；ρ_{nir} 与 ρ_{swirl} 分别代表 MODIS 卫星传感器的近红外与短波红外的地表反射率值。LSWI 表征了陆地表层水分的含量，在水域及高植被覆盖度区域 LSWI 较大，在裸露地表及中低覆盖度区域 LSWI 较小。人口相关性分析表明，当降水量超过 1600mm、LSWI 大于 0.70 以后，降水量与 LSWI 的增加对人口的集聚效应未见明显增强。在对降水量与 LSWI 归一化处理过程中，分别取 1600mm 与 0.70 为最高值，高于特征值者分别按特征值计。

第 6 条　基于水文指数的人居环境水文适宜性共分为五级，即不适宜、临界适宜、一般适宜、比较适宜与高度适宜（表 9-4）。

表 9-4　基于水文指数的水文适宜性分区的标准

水文指数	人居适宜性
<0.05	不适宜
0.05~0.15	临界适宜
0.15~0.25、0.5~0.6	一般适宜
0.25~0.3、0.4~0.5	比较适宜
0.3~0.4、>0.6	高度适宜

注：不同区域水文指数阈值区间建议重新界定。

第 7 条　地被指数（land cover index，LCI），用于表征区域的土地利用和土地覆被对人口承载的综合状况，其计算公式为

$$LCI = NDVI \times LC_i \tag{9-6}$$

$$NDVI = \left(\rho_{nir} - \rho_{red}\right) / \left(\rho_{nir} + \rho_{red}\right) \tag{9-7}$$

式中，LCI 为地被指数；ρ_{nir} 与 ρ_{red} 分别代表 MODIS 卫星传感器的近红外与红波段的地表反射率值；NDVI 为归一化植被指数；LC_i 为各种土地覆被类型的权重，其中 i（1,2,3,…,10）代表不同土地利用/覆被类型。NDVI 与人口相关性分析表明，当 NDVI 大于 0.80 后，其值的增加对人口的集聚效应未见明显增强。在对 NDVI 归一化处理时，取 0.80 为最高值，高于特征值者均按特征值计。

第 8 条　基于地被指数的人居环境地被适宜性共分为五级，即不适宜、临界适宜、一般适宜、比较适宜与高度适宜（表 9-5）。

表 9-5　基于地被指数的地被适宜性分区的标准

地被指数	人居适宜性	主要土地覆被类型
<0.02	不适宜	苔原、冰雪、水体、裸地等未利用地
0.02~0.10	临界适宜	灌丛
0.10~0.18	一般适宜	草地
0.18~0.28	比较适宜	森林
>0.28	高度适宜	不透水层、农田

注：不同区域地被指数阈值区间需要重新界定。

第 9 条　人居环境适宜性综合评价。在对人居环境地形、气候、水文与地被等单项评价指标标准化处理的基础上，通过逐一评价各单要素标准化结果与 Landscan 2015 人口分布的相关性，基于地形起伏度、温湿指数、水文指数、地被指数与人口分布的相关系数再计算其权重，并构建综合反映人居环境适宜性特征的人居环境指数（human settlements index，HSI），以定量评价哈萨克斯坦人居环境的自然适宜性与限制性。人居环境指数（HSI）计算公式为

$$HSI = \alpha \times RDLS_{Norm} + \beta \times THI_{Norm} + \gamma \times LSWAI_{Norm} + \delta \times LCI_{Norm} \tag{9-8}$$

式中，HSI 为人居环境指数；$RDLS_{Norm}$ 为标准化地形起伏度；THI_{Norm} 为标准化温湿指

数；$LSWAI_{Norm}$ 为标准化水文指数（即地表水丰缺指数）；LCI_{Norm} 为标准化地被指数；α、β、γ、δ 分别为地形起伏度、温湿指数、水文指数与地被指数对应的权重。

RDLS 标准化公式如下：

$$RDLS_{Norm} = 100 - 100 \times (RDLS - RDLS_{min}) / (RDLS_{max} - RDLS_{min}) \qquad (9\text{-}9)$$

式中，$RDLS_{Norm}$ 为地形起伏度标准化值（取值范围为 0～100）；$RDLS$ 为地形起伏度；$RDLS_{max}$ 为地形起伏度标准化的最大值（即为 5.0）；$RDLS_{min}$ 为地形起伏度标准化的最小值（即为 0）。

THI 标准化公式包括式 9-10 与式 9-11。

$$THI_{Norm1} = 100 \times (THI - THI_{min}) / (THI_{opt} - THI_{min}) \quad (THI \leqslant 65) \qquad (9\text{-}10)$$

$$THI_{Norm2} = 100 - 100 \times (THI - THI_{opt}) / (THI_{max} - THI_{opt}) \quad (THI > 65) \qquad (9\text{-}11)$$

式中，THI_{Norm1}、THI_{Norm2} 分别为 THI 小于等于 65、大于 65 对应的温湿指数标准化值（取值范围为 0～100）；THI 为温湿指数；THI_{min} 为温湿指数标准化的最小值（即为 35）；THI_{opt} 为温湿指数标准化的最适宜值（即为 65）；THI_{max} 为温湿指数标准化的最大值（即为 80）。

LSWAI 标准化公式如下：

$$LSWAI_{Norm} = 100 \times (LSWAI - LSWAI_{min}) / (LSWAI_{max} - LSWAI_{min}) \qquad (9\text{-}12)$$

式中，$LSWAI_{Norm}$ 为地表水丰缺指数标准化值（取值范围为 0～100）；$LSWAI$ 为地表水丰缺指数；$LSWAI_{max}$ 为地表水丰缺指数标准化的最大值（即为 0.9）；$LSWAI_{min}$ 为地表水丰缺指数标准化的最小值（即为 0）。

LCI 标准化公式如下：

$$LCI_{Norm} = 100 \times (LCI - LCI_{min}) / (LCI_{max} - LCI_{min}) \qquad (9\text{-}13)$$

式中，LCI_{Norm} 为地被指数标准化值（取值范围为 0～100）；LCI 为地被指数；LCI_{max} 为地被指数标准化的最大值（即为 0.9）；LCI_{min} 为地被指数标准化的最小值（即为 0）。

9.2　土地资源承载力与承载状态评价

第 1 条　土地资源承载力（land carrying capacity，LCC）是在自然生态环境不受危害并维系良好的生态系统前提下，一定地域空间的土地资源所能承载的人口规模或牲畜规模。本研究中分为基于人粮平衡的耕地资源承载力（cultivate land carrying capacity，CLCC）和基于当量（热量、蛋白质）平衡的土地资源承载力（equivalent carrying capacity，EQCC）。

第 2 条　基于人粮平衡的耕地资源承载力（cultivate land carrying capacity，CLCC）用一定粮食消费水平下，区域耕地资源所能持续供养的人口规模来度量。计算公式如下：

$$CLCC = Cl / G_{PC} \qquad (9\text{-}14)$$

式中，CLCC 为基于人粮平衡的耕地资源现实承载力或耕地资源承载潜力；Cl 为耕地生产力，以粮食产量表征；G_{pc} 为人均消费标准，现实承载力以采用 400kg·人/a 计。

第 3 条 基于当量平衡的土地资源承载力（equivalent carrying capacity，EQCC），可分为热量当量承载力（energy carrying capacity，EnCC）和蛋白质当量承载力（protein carrying capacity，PrCC），可用一定热量和蛋白质摄入水平下，区域粮食和畜产品转换的热量总量和蛋白质总量所能持续供养的人口来度量。

$$EQCC = \begin{cases} EnCC = En / Enpc \\ PrCC = Pr / Prpc \end{cases} \quad (9\text{-}15)$$

式中，EQCC 为基于当量平衡的土地资源现实承载力，可用 EnCC 和 PrCC 表征；EnCC 为基于热量当量平衡的土地资源承载力；En 为耕地资源和草地资源产品转换为热量总量；Enpc 为人均热量摄入标准；PrCC 为基于蛋白质当量平衡的土地资源承载力；Pr 为耕地资源和草地资源产品转换为蛋白质总量；Prpc 为人均蛋白质摄入标准。

第 4 条 土地资源承载指数（land carrying capacity index，LCCI）是指区域人口规模（或人口密度）与土地资源承载力（或承载密度）之比，反映区域土地与人口、牲畜之关系，可分为基于人粮平衡的耕地资源承载指数（cultivate land carrying capacity index，CLCCI）、基于当量平衡的土地资源承载指数（equivalent carrying capacity index，EQCCI）。

第 5 条 基于人粮平衡的耕地承载指数：

$$CLCCI = Pa / CLCC \quad (9\text{-}16)$$

式中，CLCCI 为耕地资源承载指数；CLCC 为耕地资源承载力，人；Pa 为现实人口数量。

第 6 条 基于当量平衡的土地承载指数又可分为热量当量承载指数（energy carrying capacity index，EnCCI）和蛋白质当量承载指数（protein carrying capacity index，PrCCI），计算方式如下：

$$EQCCI = Pa / EQCC = \begin{cases} EnCCI = Pa / Encc \\ PrCCI = Pa / PrCC \end{cases} \quad (9\text{-}17)$$

式中，EQCCI 为基于当量平衡的土地承载指数；EnCCI 为热量当量土地承载指数；EnCC 为基于热量当量的土地资源承载力，人；PrCCI 为蛋白质当量土地承载指数，PrCC 为基于蛋白质当量的土地资源承载力，人；Pa 为现实人口数量，人。

第 7 条 土地资源承载状态反映区域常住人口与可承载人口之间的关系，本节分为基于人粮平衡的耕地资源承载状态和基于当量平衡的土地资源承载状态。

第 8 条 耕地资源承载状态反映人粮平衡关系状态，依据耕地资源承载指数大小分为三类六等级（表 9-6）。

表 9-6　耕地资源承载力分级评价的标准

类型	级别	CLCCI
盈余	富裕	CLCCI ≤ 0.75
	盈余	0.75 < CLCCI ≤ 0.875
平衡	平衡有余	0.875 < CLCCI ≤ 1
	临界超载	1 < CLCCI ≤ 1.125
超载	超载	1.125 < CLCCI ≤ 1.25
	过载	1.25 < CLCCI

第 9 条　土地资源承载状态反映人地关系状态，依据土地资源承载指数大小分为三类六等级（表 9-7）。

表 9-7　土地资源承载力分级评价的标准

类型	级别	EQCCL
盈余	富裕	EQCCL ≤ 0.75
	盈余	0.75 < EQCCL ≤ 0.875
平衡	平衡有余	0.875 < EQCCL ≤ 1
	临界超载	1 < EQCCL ≤ 1.125
超载	超载	1.125 < EQCCL ≤ 1.25
	过载	1.25 < EQCCL

第 10 条　食物消费结构又称膳食结构，是指一个国家或地区的人们在膳食中摄取的各类动物性食物和植物性食物所占的比例。

第 11 条　膳食营养水平通常用营养素摄入量进行衡量，主要包括热量、蛋白质、脂肪等。营养素含量是指用每一类食物中每一亚类的食物所占比例，乘以各亚类食物在食物营养成分表中的食物营养素含量，所得的和即是每一类食物在某一阶段的营养素含量。

$$C_i = \sum_{j=1}^{n} R_{ij} f_{ij} \qquad (9\text{-}18)$$

式中，C_i 为第 i 类食物的某一营养素含量；R_{ij} 为第 i 类食物的第 j 个品种在第 i 类食物中所占比例；f_{ij} 为第 i 类食物的第 j 个品种在《食物成分表》中的某一营养素含量。

第 12 条　基础数据。耕地面积、农作物种植面积、农作物产量以及草地面积根据侯学煜院士主编的《1:1000000 中国植被图集》得到；草地产草量根据野外采样数据与气候数据和遥感数据拟合得到的地上生物量模型求出；牲畜数量与消费数据来自《西藏自治区统计年鉴》中的肉、蛋、奶畜产品产量、城镇居民食物消费种类与数量、农村居民食物消费种类与数量以及牲畜日食量。

9.3 水资源承载力与承载状态评价

第 1 条 水资源承载力主要反映区域人口与水资源的关系，主要通过人均综合用水量下，区域（流域）水资源所能持续供养的人口规模（人）或承载密度（人/km²）来表达。计算公式为

$$WCC = W / W_{pc} \tag{9-19}$$

式中，WCC 为水资源承载力，人或人/km²；W 为水资源可利用量，m³；W_{pc} 为人均综合用水量，m³/人。

第 2 条 水资源承载指数是指区域人口规模（或人口密度）与水资源承载力（或承载密度）之比，反映区域水资源与人口之关系。计算公式为

$$WCCI = Pa / WCC \tag{9-20}$$

$$Rp = (Pa - WCC) / WCC \times 100\% = (WCCI - 1) \times 100\% \tag{9-21}$$

$$Rw = (WCC - Pa) / WCC \times 100\% = (1 - WCCI) \times 100\% \tag{9-22}$$

式中，WCCI 为水资源承载指数；WCC 为水资源承载力；Pa 为现实人口数量，人；Rp 为水资源超载率；Rw 为水资源盈余率。

第 3 条 水资源承载力分级标准根据水资源承载指数的大小将水资源承载力划分为水资源盈余、人水平衡和水资源超载三个类型六个级别（表 9-8）。

表 9-8　基于水资源承载指数的水资源承载力评价的标准

水资源承载力类型	级别	指标	
		WCCI	Rp/Rw
水资源盈余	富富有余	<0.6	Rw≥40%
	盈余	0.6～0.8	20%≤Rw<40%
人水平衡	平衡有余	0.8～1.0	0%≤Rw<20%
	临界超载	1.0～1.5	0%≤Rp<50%
水资源超载	超载	1.5～2.0	50%<Rp≤100%
	严重超载	>2.00	Rp>100%

9.4 生态承载力与承载状态评价

第 1 条 生态承载力是指在不损害生态系统生产能力与功能完整性的前提下，生态系统可持续承载具有一定社会经济发展水平的最大人口规模。

第 2 条 生态承载指数是区域人口数量与生态承载力的比值，它是评价生态承载状态的基本依据。

第 3 条 生态承载状态反映区域常住人口与可承载人口之间的关系。本章中将生态

承载状态依据生态承载指数大小分为三类六个等级：富余（富富有余、盈余）；临界（平衡有余、临界超载）；超载（超载、严重超载）。

第 4 条　生态供给是生态系统供给服务的简称。生态供给服务是生态系统服务最重要的组成部分，也是生态系统调节服务、支持服务和文化服务等其他功能和服务的基础。本章采用陆地生态系统净初级生产力（net primary productivity，NPP）作为衡量生态供给的定量化指标。

第 5 条　生态消耗是生态系统供给消耗的简称。生态系统供给消耗是指人类生产、生活对生态系统供给服务的消耗、利用和占用。本书中主要是指农林牧生产活动与城镇、乡村居民生活和家畜养殖对生态资源的消耗。

第 6 条　生态供给量是基于生态系统净初级生产力（NPP）空间栅格数据，进行空间统计加和得到，可衡量一个国家和地区生态系统的总供给能力。计算公式为

$$\text{SNPP} = \sum_{j=1}^{m} \sum_{i=1}^{n} \frac{(\text{NPP} \times \gamma)}{n} \qquad (9\text{-}23)$$

式中，SNPP 为可利用生态供给量；NPP 为生态系统净初级生产力；γ 为栅格像元分辨率，n 为数据的年份跨度，m 为区域栅格像元数量。

第 7 条　生态消耗量包括种植业生态消耗量与畜牧业生态消耗量两个部分，用于衡量人类活动对生态系统生态资源的消耗强度。计算公式为

$$\text{CNPP}_{\text{pa}} = \frac{\text{YIE} \times \gamma \times (1 - \text{Mc}) \times \text{Fc}}{\text{HI} \times (1 - \text{WAS})} \qquad (9\text{-}24)$$

$$\text{CNPP}_{\text{ps}} = \frac{\text{LIV} \times \varepsilon \times \text{GW} \times \text{GD} \times (1 - \text{Mc}) \times \text{Fc}}{\text{HI} \times (1 - \text{WAS})} \qquad (9\text{-}25)$$

$$\text{CNPP} = \text{CNPP}_{\text{pa}} + \text{CNPP}_{\text{ps}} \qquad (9\text{-}26)$$

式中，CNPP 为生态消耗量；CNPP_{pa} 为农业生产消耗量；CNPP_{ps} 为畜牧业生产消耗量；YIE 为农作物产量；γ 为折粮系数；Mc 为农作物含水量；HI 为农作物收获指数；WAS 为浪费率；Fc 为生物量与碳含量转换系数；LIV 为牲畜存栏出栏量；ε 为标准羊转换系数；GW 为标准羊日食干草重量；GD 为食草天数。

第 8 条　人均生态消耗标准表示当前社会经济发展水平下，区域人均消耗生态资源的量。计算公式为

$$\text{CNPP}_{\text{st}} = \frac{\text{CNPP}}{\text{POP}} \qquad (9\text{-}27)$$

式中，CNPP_{st} 为人均生态消耗标准；CNPP 为生态消耗量；POP 为人口数量。

第 9 条　生态承载力表示当前人均生态消耗水平下，生态系统可持续承载的最大人口规模。计算公式为

$$\text{EEC} = \frac{\text{SNPP}}{\text{CNPP}_{\text{st}}} \qquad (9\text{-}28)$$

式中，EEC 为生态承载力；SNPP 为生态供给量；CNPP$_{st}$ 为人均生态消耗标准。

第 10 条 生态承载指数用区域人口数量与生态承载力比值表示，作为评价生态承载状态的依据。

$$EEI = \frac{POP}{EEC} \tag{9-29}$$

式中，EEI 为生态承载指数；EEC 为生态承载力；POP 为人口数量。

第 11 条 根据生态承载状态分级标准以及生态承载指数，确定评价区域生态承载力所处的状态，生态承载状态分级标准如表 9-9 所示。

表 9-9　生态承载状态分级的标准

生态承载指数	<0.6	0.6~0.8	0.8~1.0	1.0~1.2	1.2~1.4	>1.4
生态承载状态	富富有余	盈余	平衡有余	临界超载	超载	严重超载

第 12 条 基础数据包括生态系统净初级生产力数据、土地利用变化数据、人口数据、农作物产量数据、牲畜存栏量数据、牲畜出栏量数据、畜牧产品产量数据等。

9.5　资源环境承载综合评价

资源环境承载综合评价是识别影响承载力关键因素的基础，旨在为各地区掌握其承载力现状从而提高当地承载力水平提供重要依据。本书基于人居环境指数、资源承载指数和社会经济发展指数，提出了基于三维空间四面体的资源环境承载状态综合评价方法。

第 1 条 资源环境承载综合指数结合了三项综合指数，旨在更全面地衡量区域资源环境的承载状态，其具体公式如下：

$$RECI = HEI_m \times RCCI \times SDI_m \tag{9-30}$$

式中，RECI 为资源环境承载指数；HEI$_m$ 为均值归一化人居环境指数；RCCI 为资源承载指数；SDI$_m$ 为均值归一化社会经济发展指数。

第 2 条 均值归一化人居环境综合指数是地形起伏度、地被指数、水文指数和温湿指数的综合，计算公式如下：

$$HEI_m = HEI_{one} - k + 1 \tag{9-31}$$

$$HEI_v = \frac{(THI \times LSWAI + THI \times LCI + LSWAI \times LCI) \times RDLS}{3} \tag{9-32}$$

式中，HEI$_m$ 是进行均值归一化处理之后的人居环境指数；HEI$_{one}$ 为 HEI$_v$ 按式（9-31）进行归一化之后的人居环境指数；k 为基于条件选择的人居环境适宜性分级评价结果中一般适宜地区 HEI$_{one}$ 的均值；THI、LSWAI、LCI、RDLS 分别为归一化后的温湿指数、水文指数、地被指数和地形起伏度，其中，地形起伏度按式（9-1）进行归一化，其他指数按式（9-2）、式（9-4）及式（9-6）进行归一化。

　　第 3 条　资源承载指数是土地资源承载指数、水资源承载指数和生态承载指数的综合，用来反映区域各类资源的综合承载状态。为了消除指数融合时区域某类资源承载状态过分盈余而对该区域其他类型资源承载状态的信息覆盖，本章利用了双曲正切函数（tanh）对各承载指数的倒数进行了规范化处理，并保留了承载指数为 1 时的实际物理意义（平衡状态）。此外，本章以国际主流的城市化进程三阶段为依据，在不同城市化进程阶段的区域，结合实际情况对三项承载指数赋予了不同权重（表 9-10）。其具体计算方法如下：

$$\text{RCCI} = W_{\text{L}} \times \text{LCCI}_t + W_{\text{W}} \times \text{WCCI}_t + W_{\text{E}} \times \text{ECCI}_t \tag{9-33}$$

$$\text{LCCI}_t = \tanh(\frac{1}{\text{LCCI}}) - \tanh(1) + 1 \tag{9-34}$$

$$\text{WCCI}_t = \tanh(\frac{1}{\text{WCCI}}) - \tanh(1) + 1 \tag{9-35}$$

$$\text{ECCI}_t = \tanh(\frac{1}{\text{ECCI}}) - \tanh(1) + 1 \tag{9-36}$$

式中，RCCI 是资源承载指数；LCCI、WCCI 和 ECCI 分别是土地资源承载指数、水资源承载指数和生态承载指数；LCCI_t、WCCI_t、ECCI_t 分别为土地资源承载力、水资源承载力、生态承载力，单位均为人；W_{L}、W_{W}、W_{E} 分别代表不同城市化阶段土地、水、生态承载力权重。

表 9-10　成对比较矩阵

城市化进程阶段	城镇人口占比/%	W_L	W_W	W_E
初期阶段	0~30	0.5	0.3	0.2
加速阶段	30~70	1/3	1/3	1/3
后期阶段	70~100	0.2	0.5	0.3

　　第 4 条　均值归一化社会经济发展指数是社会经济发展指数的均值归一化处理之后的指数，旨在保留数值为 1 时的物理意义（平衡状态），具体计算公式如下：

$$\text{SDI}_{\text{m}} = \text{SDI}_{\text{one}} - k + 1 \tag{9-37}$$

式中，SDI_{m} 是均值归一化社会经济发展指数；SDI_{one} 为归一化后的社会经济发展指数；k 为哈萨克斯坦 SDI_{one} 的均值。